遥感影像处理技术

杨晓云　夏　苕　李邦杰　陈正生　陈忠金　张大巧　著

西北工业大学出版社

西安

【内容简介】 本书介绍了遥感图像处理技术的相关概念、我国遥感卫星的发展历程和遥感制图基础知识;详细论述了遥感制图过程中的误差和精度评估原理与方法;结合地理信息产品制作应用,重点介绍了数字正射影像、正射影像地图和数字高程模型制作的方法与软件实现过程;拓展介绍了无人机倾斜摄影测量实现三维场景构建的方法和软件实现过程;最后,对地理信息产品精度评估方法进行了介绍。

本书可作为高等学校地理类相关专业课程的教材,也可作为地理信息产品制作技术人员的参考书。

图书在版编目(CIP)数据

遥感影像处理技术 / 杨晓云等著. — 西安 :西北工业大学出版社,2023.6
ISBN 978 - 7 - 5612 - 8810 - 8

Ⅰ. ①遥… Ⅱ. ①杨… Ⅲ. ①遥感图像-图像处理-高等学校-教材 Ⅳ. ①TP751

中国国家版本馆 CIP 数据核字(2023)第 119082 号

YAOGAN YINGXIANG CHULI JISHU
遥 感 影 像 处 理 技 术

杨晓云　夏莅　李邦杰　陈正生　陈忠金　张大巧　著

责任编辑:孙　倩		策划编辑:杨　军	
责任校对:朱辰浩		装帧设计:李　飞	

出版发行:西北工业大学出版社
通信地址:西安市友谊西路 127 号　　　　邮编:710072
电　　话:(029)88491757,88493844
网　　址:www.nwpup.com
印　刷　者:西安浩轩印务有限公司
开　　本:787 mm×1 092 mm　　　1/16
印　　张:8.75
字　　数:230 千字
版　　次:2023 年 6 月第 1 版　　　2023 年 6 月第 1 次印刷
书　　号:ISBN 978 - 7 - 5612 - 8810 - 8
定　　价:49.00 元

前　言

近年来,地理信息产品在国民经济建设中发挥着重要的作用,在国防军事建设中也作用突出。火箭军工程大学部分专业涉及地理信息产品的制作与应用。在教学中发现地理信息产品种类较多,产品制作涉及的测绘基础知识多、专业软件多。在高校地理信息产品制作实践教学中,缺少综合多种地理信息产品制作方法与软件实现过程的书籍。

正射影像、正射影像地图、数字高程模型(Digital Elevation Model,DEM)、数字地表模型以及三维模型等地理信息产品在国民经济建设和军事应用中的需求与日俱增。在网络大数据时代,数字地球、国家空间数据基础设施、3S技术和4D产品的开发应用也使地理信息产业逐步形成和壮大。从正射影像中能够获得地面点位的坐标,地物的长、宽、方位、面积等几何属性,结合数字地表模型和数字高程模型还能够获得地物的高度和建筑高度。从遥感图像到地理信息产品,需要使用多种地理信息产品制作应用技术。

本书涉及的地理信息应用软件有 Geomatica、MicroStation 和 GEOWAYDPS 数字摄影测量系统。主要内容如下:

第一章遥感图像处理概述,论述了遥感的相关概念、遥感卫星发展概况。

第二章遥感制图基础,论述了测绘坐标系统、常见坐标系统转换模型、测量误差、遥感产品定位精度及其误差源等基础知识。

第三章数字正射影像制作,论述了遥感影像正射纠正方法、流程,通过案例介绍了使用 Geomatica 软件制作正射影像的具体步骤。

第四章正射影像地图制作,论述了正射影像地图制作的方法、流程,通过案例介绍了使用 MicroStation 软件制作正射影像地图的具体步骤。

第五章数字高程模型和地表模型的制作,论述了数字高程模型和数字地面模型的概念以及二者在制作过程中的方法异同;通过案例介绍了使用 GEOWAYDPS 软件制作数字高程模型的方法、流程和具体步骤。

第六章无人机影像制图,介绍了无人机摄影测量基本原理、倾斜摄影技术工程应用与实施,以及通过案例全流程介绍了无人机倾斜摄影测量制作三维模型的方法、流程和软件实现。

第七章地理信息产品精度评估,介绍了误差的相关概念,结合专题地图的制图流程,详细论述了其精度评估方法。

　　本书围绕遥感图像在地理信息产品制作方面的应用,综合了 Geomatica、MicroStation 和 GEOWAYDPS 数字摄影测量系统等软件的基本操作,提供了软件操作图表,每一类地理信息产品的制作都配备了教学练习数据和产品成果,适合高校实践教学。

　　由于水平有限,书中难免存在不足之处,恳请读者批评指正。

杨晓云

2022 年 11 月

目　录

第一章　遥感图像处理概述

从谷歌地球、百度地图、高德地图到手机里安装的各类导航软件中我们发现遥感影像和地理信息产品已从科学研究走进了大众生活,渗入人们的生活。通过遥感影像可以制作正射影像、矢量地图、数字高程模型和数字地表模型。这些地理信息产品结合网络大数据的应用,为地质、测绘、军事、农业、林业、水文、气象、海洋等领域和行业提供地理空间信息,可以挖掘出更多高价值信息。基于遥感影像能够获得地物地貌概况,能够测量点位坐标,获取地物的长、宽、方位、面积等几何信息;使用遥感立体影像能够获得地面数字高程模型和数字地表模型。用遥感卫星影像制作地理信息产品是一种快速高效、大面积获取地理信息的途径。那么什么是遥感? 它有哪些种类? 下面介绍遥感的相关概念以及遥感卫星的发展历程。

一、遥感的相关概念

遥感是指通过传感器,采用非接触的方式遥测物体的几何与物理特征信息的技术。"遥感"一词是由美国海军研究局于 20 世纪 60 年代提出的。它是一种利用非接触式成像传感器或其他传感器系统,通过记录、量测、分析和表达等处理来获取有价值的可靠信息的科学、技术与工艺。遥感影像可用于测制各种地形图,对地物进行识别,提供地理环境信息,进行动态监测,还可用于监测大型工程的变形状况等。摄影测量与遥感的特点是间接采集被测对象的几何信息和物理信息,不受地区、国界的限制,利用可见光及电磁波的其他波段,获取黑白的、彩色的或假彩色的地物图像,识别肉眼无法识别的地物等。它可以与信息传输技术,信息处理、提取和应用技术,地物信息特征的分析与测量技术,电子计算机等现代技术相结合,使摄影测量作业自动化。

1.遥感的分类

遥感利用各种物体(或物质)反射或发射出不同特性的电磁波进行遥感信息获取。从毫米波波段开始,随着光谱频率的上升,大气会逐渐影响电磁波的传播。一个特定传感器仅仅能够观察到整个光谱中的一小部分。传感器的设计是为了特定目的,在特定带宽范围内或一系列较窄的波段范围内搜集辐射能。地物发射或反射的电磁波信息被遥感传感器收集、量化并记录后,经过光学、计算机处理、影像解译后可以得到拍摄区域的地理空间信息。因此,遥感传感器发送和接收电磁波,其性能与电磁波谱特性密切相关。电磁波按照波长范围可分为紫外线、可见光、红外线和微波。随着波长的变化,电磁波的物理性质有很大差异。物理实验表明,不同地物对电磁波辐射与反射特性大不相同。充分利用电磁波的各种辐射和反射特性,能够更好地发现、识别、测量和监测地物信息。

遥感按照光谱频率划分,可分为可见光、红外和微波等遥感。人眼能够看到的波段为可见光波段,它是最为常用的电磁波段,使用光学传感器被动式接收地面物体对太阳光的反射而成像;红外线波段对物体的温度十分敏感,因此,热红外传感器可用于夜视、地下热源探测和穿透迷雾;微波能够穿透云、雨、雪等,在多云阴雨的气象条件下,主动式微波传感器可以全天候和全天时对地探测。

光谱成像涉及在不同电磁波段同时获取图像。在不同的波段获取一个物体的图像,使得遥感分析人员可以识别地物独有的光谱特征,分别获取且在不同的图像中进行加工的波长波段越多,在图像中能够获取的有关地物的信息也就越多。

目前,用于地球资源遥感应用的有三类光谱图像:多光谱图像(Multi Spectral Images,MSI),包含 2～100 个波段;高光谱图像(Hyper Spectral Images,HSI),包含 100～1 000 个波段;超光谱图像(Ultra Spectral Images,USI),包含超过 1 000 个波段。高光谱图像和超光谱图像都比多光谱图像包含更多的光谱信息,这使得它们具有更为丰富的信息含量,但也更难进行加工和分析。它们可以提供传统图像或多光谱图像无法获得的有关地物的细节信息。但是,加工和分析高光谱图像及超光谱图像数据需要更多技术支持和时间。

遥感按照感测地物的能源作用又可分为主动式遥感技术和被动式遥感技术。利用多光谱摄影机或多光谱扫描仪这类传感器直接接收地面物体反射或辐射的波来探测物体的遥感方式称为被动式遥感。遥感平台上的人工辐射源向目标发射一定形式的电磁波,再由传感器接收其反射波的遥感方式称为主动式遥感。主动式遥感主要使用激光和微波作为照射源。目前在军事遥感领域最常用的主动式遥感器为合成孔径雷达。雷达具有全天候获取遥感图像的特点,可以发现可见光摄影所不能发现的地物结构、形态和伪装设施等。

此外,遥感按照被探测对象领域的不同,还可分为地质遥感、测绘遥感、农业遥感、林业遥感、水文遥感、气象遥感、海洋遥感等;按照传感器使用的运载平台不同,又可分为航空遥感和航天遥感等。

2. 遥感平台

遥感所使用的传感器通常在不同高度的平台上,接收物体发射或反射的电磁波信息,再将这些信息传输到地面并进行数据加工处理,从而达到对物体或周围区域进行测绘、识别、监测的目的。有的传感器,如合成孔径雷达,不仅能够接收物体发射的电磁波,其自身还能够发射电磁波,通过接收物体反射的回波来监测物体的几何物理属性。遥感卫星系统通常由空间段的遥感卫星、地面段的地面系统和应用系统组成,运载火箭、发射场地及测运控系统为遥感卫星系统提供相应技术保障。

除了遥感传感器,遥感平台的类型也很多。遥感平台用于搭载传感器,现有的遥感平台有人造卫星、航天(航空)飞机、飞艇、气球、无人机、地面测量车等。

表 1.1 中列出了常用的遥感平台及其高度和主要用途。

表 1.1　常用的遥感平台及其高度和主要用途

遥感平台	高　度	主要用途
静止轨道卫星	36 000 km	定点地球观测
圆轨道卫星 (地球观测卫星)	500～1 000 km	定期地球观测

续表

遥感平台	高　度	主要用途
航天飞机	240～350 km	不定期地球观测、空间实验
无线电探空仪	100 m～100 km	各种调查(气象等)
超高度喷气飞机	10 000～12 000 m	大范围调查
中低高度飞机	500～8 000 m	航空摄影测量、调查
飞艇	500～3 000 m	空中长期停留调查
直升机	100～2 000 m	各种调查摄影测量
无人机	500 m 以下	各种调查摄影测量
牵引飞机	50～500 m	各种调查摄影测量
系留气球	800 m 以下	各种调查
地面测量车	0～30 m	地面实况调查

3.摄影测量技术分类

摄影测量是获取遥感影像的主要技术手段。摄影测量按技术方法可分为模拟摄影测量、解析摄影测量和数字摄影测量。模拟摄影测量是利用模拟测图仪,模拟解算像片像点与相应地面点的空间关系,在模拟测图仪器上完成空间定位和测绘地形图。解析摄影测量是依据像点与相应地面点的数学关系,利用像片坐标量测仪测出像点坐标,用电子计算机解算并获取地面点的坐标和完成测图的技术。它是在传统的模拟摄影测量的基础上发展起来的技术,与模拟摄影测量相比具有精度高、适应性强的特点。数字摄影测量是基于数字影像与摄影测量的基本原理,应用计算机技术、数字影像处理、影像匹配、模式识别等多学科的理论与方法,提取所摄对象用数字方式表达的几何与物理信息的摄影测量学的分支学科。

摄影测量按摄影距离远近可分为航天摄影测量、航空摄影测量、地面摄影测量和近景摄影测量。航天摄影测量、航空摄影测量和地面摄影测量,主要用于测制地形图,是地形测量的一种方法。其过程是从空间、空中或地面获取地表面一定范围内的图像信息,通过对像片的解译与处理,建立像片与相应地面的联系,用量测像片来确定地面点的坐标和高程,制成地形图。近景摄影测量,亦称非地形摄影测量,在 100 m 以内的近距离拍摄某一地物,获取地物的像片。通过对像片解译与处理,确定静态地物的表面形态和动态目标的活动轨迹。

二、遥感数字图像

遥感技术是快速、高效获取地理信息的一个重要的途径。遥感信息能够准确客观地记录地表地物的电磁波信息特征,已成为地理分析的一个重要数据源。遥感图像包括由卫星、飞机或无人机等手段所拍摄的光谱资料,其记录形式有数据磁带、磁盘、光盘、像片、胶片等,均可通过图像处理设备进行处理。

遥感数字图像是以数字形式存储的遥感信息,即其内容是地物不同波段的电磁波谱信息。图像中的像素值称为亮度值[灰度值、DN 值(Digital Number,遥感影像像元亮度值)],它是遥感数字图像最基本的单位。像素实际是成像过程中的一个采样点,也是计算机图像处理的最小单元。

遥感影像是指记录各种地物电磁波大小的胶片（或像片），数字遥感影像是以数字形式表示的遥感影像。在遥感技术应用中，遥感影像主要是指航空像片和卫星像片。随着无人机技术的发展，无人机也成为遥感影像来源的重要获取平台。

遥感影像和遥感数字图像都是图像，但又和普通图像有很大的区别。遥感图像是由光谱数据组成的二维表，通过对图像进行去噪、几何纠正等一系列处理，能够表达实际地面景物的地理信息，即从遥感影像中获取地物的坐标、长度、宽度、面积等信息。普通的图像虽然可以直接或间接作用于人眼，进而产生视觉的实体，但是不能获取地面的几何特征信息。

因此，图像、遥感影像、遥感数字图像三者是紧密联系的，遥感数字图像是遥感影像的子集，遥感影像是图像的子集。其关系如图1.1所示。

图1.1 遥感数字图像、遥感影像与图像的关系

随着数字技术的发展和应用，各类信息以数字形式进行处理、存储和使用。利用计算机可以对遥感数字图像进行各种数据的处理、加工、网上传输、复制而不失真。常用的数字图像处理方法对遥感数字图像来说是通用的。人们采用数字图像处理方法对遥感图像进行滤波、变换、增强、分割等以达到便于信息提取和信息挖掘的目的，但仅使用一般的图像处理技术对遥感数字图像进行处理不能满足地理信息获取和测绘应用的需求。如遥感影像的波段与普通图像不同，在遥感数字图像处理技术中通过波段组合能够区分地表植被和水系；在测绘领域，将遥感图像经过影像复原、影像增强、多源影像融合、数字影像纠正、色彩调整和影像镶嵌等生成正射影像，并基于正射影像进行地图制图和地理信息产品制作，已成为测绘领域获取地理空间信息的高效手段。与普通实地测量方法相比，遥感制图和地理信息产品制作的特点是通过像片来量测地物的形状、大小、位置等几何特征，不受野外测量自然环境条件的限制，其速度快、覆盖范围广、分辨率高、信息丰富。

为了制作大比例尺的地图，对遥感影像的分辨率和立体成像能力有一定要求，表1.2中列出了几种遥感测绘卫星系统。

表1.2 部分遥感测绘卫星系统

卫星系统	发射时间	扫描宽度/km	分辨率/m	立体模式
SPOT	1986—1998年	60	10（全色）	异轨
LOS	2006年	35	2.5（全色）	同轨三线阵
IKONOS 2	1999年	11.3	0.82	同轨
QuickBird	2001年	22	0.61	同轨

续表

卫星系统	发射时间	扫描宽度/km	分辨率/m	立体模式
Orbview - 4	2000 年	8	1～2	同轨
SPOT - 5	2001 年	60	2.5	同轨/异轨
WorldView - 2	2009 年	16.4	0.5(全色)	同轨

衡量遥感影像的重要技术指标是分辨率。它是对传感器成像系统输出影像细节辨别能力的一种度量。对于不同的影像细节,对应不同的度量,主要有空间分辨率、光谱分辨率、时间分辨率和辐射分辨率四种分辨率。

空间分辨率指传感器能够分辨的最小目标地物大小,它反映了实际卫星观测影像中的一个像素所对应地面范围的大小。空间分辨率代表了遥感影像空间细节辨别能力。比如 WorldView - 2 卫星全色图像空间分辨率是 0.5 m,指的是影像中的一个像素所对应的实际地面大小,高空间分辨率图像对于地物的识别和解译等具有重要的作用。

光谱分辨率是卫星传感器接收地物反射波谱时所能辨别的最小波长间隔,它反映了遥感影像对地物波谱细节信息的分辨能力。光谱分辨率越高,影像光谱间隔越小,在同样的波谱范围内,影像波段数就越多。通常高光谱影像比多光谱影像具有更高的光谱分辨率,高光谱分辨率对于影像地物的材质属性判别和分类具有重要意义。

时间分辨率是遥感影像对同一地点的重复观测能力,也被称为重访周期。重访周期越短,时间分辨率越高。高时间分辨率对于地物的动态变化检测等具有重要作用。

辐射分辨率是指传感器能分辨的地物反射或辐射的电磁辐射强度的最小变化量,在可见、近红外波段用噪声等效反射率表示,在热红外波段用噪声等效温差、最小可探测温差和最小可分辨温差表示。辐射分辨率 RL 的计算方法为

$$RL = (R_{max} - R_{min})/D \tag{1.1}$$

式中:R_{max} 为最大辐射量值;R_{min} 为最小辐射量值;D 为量化级。

RL 越小,表明传感器越灵敏。

三、遥感卫星的发展历程

1.初期发展阶段(20 世纪 50—60 年代)

遥感数字图像主要是由卫星、飞机或无人机所携带的摄影测量系统拍摄得到的。世界上第一张遥感图像由苏联的遥感卫星拍摄。历史上苏联在航空航天领域取得了非凡的成就。

1957 年 10 月 4 日,苏联发射了世界上第一颗人造地球卫星——斯普特尼克 1 号(见图 1.2)。它的本体是一只用铝合金做成的圆球,直径 58 cm,质量 83.6 kg。卫星内部装有两台无线电发射机、一台磁强计、一台辐射计数器、一些测量卫星内部温度和压力的感应元件等。从这颗卫星内部的元件来看,它是一颗通信卫星。

美国于 1958 年将 Explorer - 6 卫星发射入轨。1960 年 10 月该卫星发回了世界上第一张从太空拍摄的地球图像,人类卫星遥感探测时代正式开启。1959 年,美国发射 Corona 卫星,它是一颗军事侦察卫星,其携带了胶片摄像机,可对感兴趣区域拍摄成像。这颗卫星曾在我国核试验 4 天后拍摄到了爆炸原点。1975 年,我国成功发射第一颗返回式遥感卫星,该卫星由

中国空间技术研究院研制。此后我国相继发射了国土资源普查卫星等多种返回式卫星系统，开创了我国航天的遥感时代。

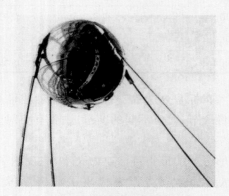

图 1.2　斯普特尼克 1 号卫星

2. 发展阶段(20 世纪 70—90 年代)

苏联、美国和我国的初期遥感卫星均是以胶片成像、卫星返回地面，并在地面处理图像。早期的遥感卫星受携带胶片数量限制，卫星在轨驻留时间较短。各国认识到了这一局限性，相继开始研制第二代遥感卫星。这一时期的遥感卫星是以光电探测 CCD、CMOS、红外阵列等技术为代表，实现了探测信息的数字化，卫星通过微波链路将成像数据及时传输到地面，留轨时间达到几年，实现了长时间对地成像。美国 1972 年 7 月发射的"陆地卫星 1 号"(Landsat - 1)，成功开启了遥感卫星发展的序幕。它是第一颗地球资源卫星，携带摄像机和多光谱扫描仪，地面分辨率达到 80 m。此后，1982 年 Landsat - 4 发射，分辨率提高到 30 m；1999 年，美国发射 IKNOS，空间分辨率提高到 1 m。最新的陆地观测卫星是 Landsat - 9，于 2020 年 12 月发射，其携带陆地成像仪和热红外传感器。1986 年法国发射 SPOT - 1，装有 PAN 和 XS 遥感器，分辨率提高到 10 m。我国于 1986 年开始研制"资源一号"遥感卫星，1999 年发射"资源一号 01 星"(其 CCD 相机空间分辨率为 19.5 m，幅宽为 113 km)。此后我国陆续发射了"资源二号"和"资源三号"系列卫星。我国 2012 年发射的"资源三号"的正视相机分辨率为 2.08 m，幅宽为 51.1 km。

这一时期的遥感卫星的空间分辨率、时间分辨率、光谱分辨率比早期的遥感卫星获得了很大的提升，但还不能够满足人类对遥感信息需求的更高要求。此后，各国都在遥感卫星的空间分辨率、时间分辨率、光谱分辨率三个方面进行了技术升级。

3. 快速发展阶段(21 世纪初至今)

2001 年，美国 DigitalGlobe(DG)公司发射了 QuickBird 卫星，影像分辨率为 0.61 m；2007 年，该公司的 WorldView - 1 卫星发射成功，提供全色 0.5 m 分辨率立体影像。2008 年，美国 GeoEye 公司的 GeoEye - 1 卫星发射成功并投入运营，其全色影像空间分辨率高达 0.41 m。2014 年，美国 DigitalGlobe 公司发射了 WorldView - 3 卫星，卫星影像分辨率为 0.31 m。

与此同时，我国遥感卫星发展也进入了快车道。《国家中长期科学和技术发展规划纲要(2006—2020 年)》中将高分辨率对地观测系统作为重大专项，于 2010 年启动实施。"高分一号"(GF-1)、"高分二号"(GF-2)卫星的相继升空,推动我国进入高分时代。

2013年4月我国成功发射"高分一号"遥感卫星,其空间分辨率达到2 m,具体参数详见表1.3。2014年8月美国DG公司发射了WorldView-3卫星,其可见光图像空间分辨率高达0.31 m;与此同时,我国2014年8月发射的"高分二号"卫星,其全色分辨率为0.8 m,多光谱分辨率为3.2 m,详见表1.4;2016年8月我国还发射了"高分三号"(GF-3)卫星,可获得1m分辨率的合成孔径雷达(Synthetic Aperture Radar,SAR)图像,详见表1.5;2019年11月我国发射的"高分七号"卫星能够获取亚米级立体影像,详见表1.7。

表1.3 "高分一号"卫星有效载荷技术参数列表

载 荷	谱段号	谱段范围 μm	空间分辨率/m	幅宽 km	侧摆范围 (°)	重访时间 d
全色多光谱相机	1	0.45~0.90	2	60(2台相机组合)	±35	4
	2	0.45~0.52	8			
	3	0.52~0.59				
	4	0.63~0.69				
	5	0.77~0.89				
多光谱相机	6	0.45~0.52	16	800(4台相机组合)		2
	7	0.52~0.59				
	8	0.63~0.69				
	9	0.77~0.89				

"高分二号"比"高分一号"的空间分辨率有所提升,其主要用于土地利用动态监测、矿产资源调查、城乡规划监测评价、交通路网规划、森林资源调查、荒漠化监测等,它与"高分一号"相互配合,推动了我国高分辨率卫星数据的应用。"高分二号"卫星有效载荷技术参数详见表1.4。

表1.4 "高分二号"卫星有效载荷技术参数列表

载 荷	谱段号	谱段范围 μm	空间分辨率/m	幅宽 km	侧摆范围 (°)	重访时间 d
全色多光谱相机	1	0.45~0.90	1	45(2台相机组合)	±35	5
	2	0.45~0.52	4			
	3	0.52~0.59				
	4	0.63~0.69				
	5	0.77~0.89				

2016年我国发射了"高分三号"雷达遥感卫星,这是高分系列里唯一的一颗合成孔径雷达卫星,其分辨率为1 m,它也是中国首颗分辨率达到1 m的C频段多极化合成孔径雷达成像卫星。

表 1.5 "高分三号"雷达遥感卫星部分技术参数

成像模式名称	特征	空间分辨率/m	幅宽/km	极化方式
滑块聚束(SL)		1	10	单极化
条带成像模型	超精细条带	3	30	单极化
	精细条带 1(FSI)	5	50	双极化
	精细条带 2(FSII)	10	100	双极化
	标准条带(SS)	25	130	双极化
	全极化条带 1(QPSI)	8	30	全极化
	全极化条带 2(QPSII)	25	40	全极化
扫描成像模式	窄幅扫描(NSC)	50	300	双极化
	宽幅扫描(WSC)	100	500	双极化
	全球观测成像模式(GLO)	500	650	双极化
波成像模式		10	5	全极化
扩展入射角(EXT)	低入射角	25	130	双极化
	高入射角	25	80	双极化

2015 年我国发射了"高分四号"(GF-4)光学遥感卫星,这是高分系列里在静止轨道的一颗卫星,它也是我国第一颗地球静止轨道对地观测卫星及三轴稳定遥感卫星,能够对目标区域长期观测,详见表 1.6。

表 1.6 "高分四号"卫星有效载荷技术参数列表

载 荷	谱段号	谱段范围/μm	空间分辨率/m	幅宽/km	重访时间/s
可见光近红外(VNIR)	1	0.45~0.90	50	400	20
	2	0.45~0.52			
	3	0.52~0.60			
	4	0.63~0.69			
	5	0.76~0.89			
中波红外(MNIR)	6	3.5~4.1	400	400	

高分系列共规划了 14 颗卫星,其中 7 颗详见表 1.7。2020 年 12 月我国成功发射了"高分十四号"卫星,它的空间分辨率最高为 0.1 m。该卫星能够高效获取全球范围的高精度立体影像,测制大比例尺地形图,为我国的国防建设提供了重要信息支撑。

表 1.7　7 颗高分系列卫星发射情况

卫　　星	发射时间	轨道类型	对地数传频段	数据传输码速率
"高分一号"	2013 年	太阳同步轨道	X 频段	450 Mb/s×2
"高分二号"	2014 年	太阳同步轨道	X 频段	450 Mb/s×2
"高分三号"	2016 年	太阳同步轨道	X 频段	450 Mb/s×2
"高分四号"	2015 年	地球静止轨道	Ka 频段	300 Mb/s
"高分五号"	2018 年	太阳同步轨道	X 频段	450 Mb/s×2
"高分六号"	2018 年	太阳同步轨道	X 频段	450 Mb/s×2
"高分七号"	2019 年	太阳同步轨道	X 频段	最高 1 200 Mb/s×2

　　这一时期遥感卫星获得的遥感影像,其空间分辨率达到亚米级,时间分辨率达到每天多次重访,光谱分辨率达到纳米级,影像数据量呈爆炸式增长。人类已实现了对地球的精细观测。此后,人类面临的新问题是传统的遥感影像处理技术已经不能够满足海量遥感影像数据快速处理的需求。

　　4. 未来发展趋势

　　从遥感卫星的发展现状来看,其未来发展趋势将具有以下特点:

　　(1)遥感卫星分辨率不断提高。遥感卫星影像获取能力和影像质量通常采用空间分辨率、时间分辨率、光谱分辨率和辐射分辨率四个分辨率衡量。随着遥感卫星技术的发展,当前对地观测高分辨率卫星已进入亚米级时代,特别是军用遥感卫星为了识别侦察军事目标,其空间分辨率越来越高,美国锁眼-12(KH-12)光学成像侦察卫星全色分辨率达到 0.1 m,WorldView-3 军商两用卫星达到 0.31 m 的分辨率。应用于制作大比例尺地图的遥感影像的空间分辨率通常优于 1 m。

　　(2)遥感卫星数量不断增加。当前,遥感卫星在轨数量已成为大国在航空航天领域竞争的一个主要体现。在轨遥感卫星能够高效、快速获取高质量地理空间数据。美国从 20 世纪 90年代起大力发展商业遥感卫星,其他航天强国也竞相发射。2018 年我国发射了 64 颗遥感卫星,其中高分系列卫星发射数量最多。2020 年 10 月"高分十三号"卫星由"长征三号"火箭送入太空并顺利运行,同年 12 月又发射了"高分十四号"卫星,我国已具备全球范围高精度立体影像,测制大比例尺数字地形图,生产数字高程模型、数字正射影像图的能力。

　　(3)呈现星座发展趋势。采用卫星星座的遥感卫星系统相较单颗卫星来说更具快速重访能力。美国 Planet 公司的"天空卫星"系列采用高频成像对地观测小卫星星座,主要用于获取时序图像,制作视频产品。"天空卫星"星座目前已经发射 13 颗,是目前世界上卫星数量最多的亚米级高分辨率卫星星座,其全色波段可以达到 0.8 m,多光谱,具有较高的地面分辨率(1 m)。该星座还具有很高的时间重访频率,一天内可对全球任意地点进行 2 次拍摄,在地物目标监测和变化检测方面能力突出。据悉,该卫星星座数量将增加至 21 颗,可以具备对目标8 次/天的重访能力。商业遥感卫星星座 Vivid-i 是英国 Earth-i 公司建造的全球首个全彩色视频卫星星座,它能提供视频、静止图像,其空间分辨率优于 1 m,可在超高清晰度彩色视频中拍摄移动车辆、船只和飞机等物体,其卫星具备姿态调整能力,可每天多次重访重点区域。该卫星星座具备快速分析处理数据能力,在拍摄之后的几分钟内完成分析,监测地物变化。

(4)商业应用不断拓展。民用对地观测卫星的需求逐步提高,已开始部署新一代的对地成像和环境探测卫星系统,特别是高分辨率对地观测卫星视角高、观测范围广、生存能力强、能够长期稳定运行,具有重大的经济及军事价值。我国高分系列卫星主要用于国土普查、农作物估产、环境保护、气象预警和综合防灾减灾等领域,高分专项数据已在 20 个行业 31 个区域广泛应用。

随着计算机技术、人工智能、高性能通信、芯片技术的发展,遥感图像处理技术将与这些新技术融合发展。协同、互联、高时、精确、智能、广泛的数据处理技术会成为这一领域研究的热点。未来,在轨遥感卫星的数量、性能、在轨时间、空间服务范围都将继续扩大和提升。遥感影像预处理、信息提取、特征识别等技术有可能部分搬到遥感卫星上实现,将极大提升影像处理和传输的效率。除了国家间的空间技术竞争与合作,未来还会有更多私有企业和集团参与到遥感卫星的研发和应用;快速、廉价、灵活的卫星发射技术、微小卫星技术将极大扩展遥感影像的应用领域。

第二章　遥感制图基础

从遥感图像到地图需要经过多种数据处理过程。首先需要对遥感图像进行影像处理,消除由拍摄仪器、拍摄环境造成的各种噪声和误差;其次对影像进行几何纠正,消除遥感图像由于拍摄角度和地形起伏而引起的几何畸度与普通相机拍摄的照片不同。一个主要的不同点是通过遥感图像能够获得拍摄区域的空间地理信息,如影像中点位的坐标、两点间的距离、多边形的面积。如果采用立体像对制作拍摄区域的立体模型,还能够量测出物体的高度、体积等地理信息。从遥感影像中获得地理信息的前提是构建地理空间坐标系统,并将影像坐标系统转换到所构建的坐标系统中。

遥感测绘技术在全球地理信息获取中发挥了基础性、关键性、支撑性的作用。比如遥感技术获取全球地表覆盖信息,成为对地观测、测绘、发现、监测和评价分析的主要手段;采用地图制图技术测制完成的地形图、专题图等地理信息产品,是当前测绘工作的主要成果形式;地理信息系统技术为测绘工作提供基于"空间"的地理信息资料存储、管理、分析和可视化(二维、三维)等服务等。

了解测绘工作相关的基础知识,知悉相关基本原理和技术方法,对遥感影像处理工作人员而言,有利于增强测绘专业背景,消除工作中的专业屏障,提高工作效率;也有利于从测绘工作实际出发,提出更加深入和贴切的应用需求,从而不断深化测绘技术研究工作。以下主要介绍测绘定位基础。

第一节　测绘定位基础

一、坐标基准

确定地球表面及其外层空间任意一点的精确位置是测绘工作最基础的任务之一。描述地表一个未知点的位置,科学的方式就是确定坐标基准,在坐标系中给出点位的坐标。为了精确测定地球表面任意一点的坐标,需要建立以地球为参照的坐标基准与坐标系统。地球的形体大致是一个沿赤道稍有隆起,南北两极略扁的近似椭球的球体。地球表面高低不平,是一个复杂不规则的自然曲面,这使得测绘地球必须对地球进行近似。理想化的近似既能满足定位精度要求又便于描述和计算。

　　大地水准面是完全静止的海水表面沿着处处与铅垂线相垂直的方式向陆地延伸,形成包围地球的一个封闭曲面。它是地球自然表面形体的近似描述,是海拔高程、经纬度和重力的起算面。大地水准面包裹的形体称为大地体。显然大地水准面不是一个规则的几何曲面,而是一个近似椭球面的复杂表面,难以用数学方法描述和计算。

　　为了方便测量计算,大地水准面还需要进一步近似。选用一个同大地体相近,可以用数学模型来表达的旋转椭球面来进一步代替地球表面(大地水准面)。旋转椭球是由一个椭圆绕其短轴旋转 360° 而成的,具有规则的几何形状。它可以用一个简单的数据公式表示,便于进行坐标计算和在椭球面进行数学计算,如图 2.1 所示。

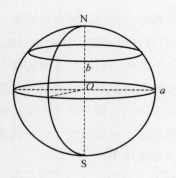

图 2.1　旋转椭球

　　各国根据本国或一定地区的测量资料确定与之接近的椭球,以表示地球的形状和大小。地球椭球亦称地球的数学模型。如果在图 2.1 中的地球椭球的长短半轴为 a,中心为 O,短轴为 b,建立空间笛卡儿直角坐标系,则椭球面的方程为

$$\frac{x^2}{a^2} + \frac{y^2}{a^2} + \frac{z^2}{b^2} = 1 \tag{2.1}$$

　　可见椭球面为一个数学曲面,可以作为测量计算的基准面,而法线是测量计算的基准线。

　　如图 2.2 和图 2.3 所示,人们基于规则的旋转椭球,可以方便地建立两种形式的坐标系:一种是大地坐标系(大地经度 L,大地纬度 B,大地高 H),另一种是空间直角坐标系(X, Y, Z)。

　　大地坐标系以参考椭球面为基准面,用大地经度 L、纬度 B 和大地高 H 表示地面点的位置。过参考椭球球心并与椭球短轴相垂直的平面称为赤道面,它与地球表面的交线称为赤道;过任意一点且垂直于椭球短轴的平面与参考椭球的交线称为纬线(与赤道平行);过地面点与椭球短轴构成的平面称为过该点的子午面,它与参考椭球的交线即经线(也称子午线)。

　　空间任意一点的大地坐标 (B, L, H) 确定为:

　　大地经度 L:过该点的子午面与首子午面(经过英国伦敦格林威治天文台的子午仪中心的子午面)之间的夹角;

　　大地纬度 B:该点至球心的垂线与赤道面的交角;

　　大地高 H:指空间点沿椭球面法线方向至椭球面的距离。

　　空间直角坐标系是以地心或参考椭球中心为原点,椭球旋转轴为 Z 轴,X 轴位于起始子午面与赤道的交线上,赤道面与 X 轴正交的方向为 Y 轴,指向符合右手规则。

由于不同区域的地表形态起伏各不相同,不同国家或地区采用与本地区地表(实际为大地水准面)吻合最佳的旋转椭球,由此建立的坐标系统称为"参心系"。"参心系"用于满足局部区域的应用,对其他地区并不适用,其椭球球心与地球质心不重合,如我国的 1954 北京坐标系。当研究全球范围的定位问题时,需要建立一个全球坐标系,此时采用与全球地表最佳吻合的旋转椭球,称为地球椭球。地球椭球的球心与地球质心重合,由此建立的坐标系称为"地心系",如 WGS84 坐标系、2000 中国大地坐标系。

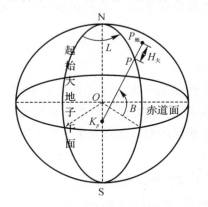

图 2.2　大地坐标系

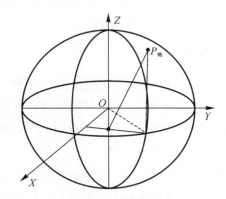

图 2.3　空间直角坐标系

二、常见的坐标系

目前在测绘中常用的坐标系有 2000 中国大地坐标系和 WGS84 坐标系,早期的测绘产品使用过的坐标系统有 1954 北京坐标系、新 1954 北京坐标系和 1980 西安坐标系。

1.1954 北京坐标系

1954 北京坐标系是从苏联 1942 坐标系经联合平差计算延伸到我国而建立的。该坐标系是参心坐标系,其椭球面与我国大地水准面在高纬度地球符合得比较好,但低纬度地区和山区产生的误差较大,目前已经基本不被使用。

2.1980 西安坐标系

此后,我国在积累了 30 年测绘资料的基础上,通过全国天文大地网整体平差建立了我国的大地坐标系。该系统坐标的大地原点位于陕西省泾阳县,是一个统一、精度优良,可直接满足 1∶5 000 甚至更大比例尺测图需要的坐标系。相比 1954 北京坐标系,1980 西安坐标系更科学、更严密。

3.新 1954 北京坐标系

此前采用 1954 坐标系统测绘的成果需要转化到 1980 坐标系统,为了便于实现国家大地坐标系的过渡,我国建立了新 1954 北京坐标系。该坐标系采用的椭球与 1954 北京坐标系一致,坐标轴向与 1980 西安坐标系的一致,其坐标克服了 1954 北京坐标系局部平差的缺点。此后的测绘成果在更新中使用了新 1954 北京坐标系。

4.WGS84 坐标系

WGS84 坐标系是在卫星测地技术发展的基础上建立的一种地心坐标系。20 世纪 60 年代美国建立过多个世界大地坐标系 WGS60、WGS66、WGS72、WGS84。其中,WGS84 坐标系精度较高,在世界范围内得到了广泛的应用,美国的全球卫星定位系统(Global Position System,GPS)使用了该坐标系。

5. 2000 中国大地坐标系

2000 中国大地坐标系(China Geodetic Coordinate System 2000,CGCS2000),是我国现在使用的地心坐标系,与国际地球参考框架的一致性保持在 2 cm。目前遥感测绘成果的主要坐标系统采用 2000 中国大地坐标系。

三、坐标转换

地理信息产品使用的坐标变换主要有两种:一种是同一大地坐标系统中不同坐标形式的变换,主要涉及大地坐标(L,B,H)、空间直角坐标(X,Y,Z) 和投影坐标系统的转换;第二种是不同大地坐标系统间的坐标转换,比如不同地球椭球间的空间直角坐标系的转换。

1. 坐标形式间的变换

(1)大地坐标 (L,B,H) 与空间直角坐标(X,Y,Z) 间的变换方法。

空间一点空间直角坐标(X,Y,Z)与大地坐标(L,B,H) 关系:

$$\begin{bmatrix} X \\ Y \\ Z \end{bmatrix} = \begin{bmatrix} (N+H_\star)\cos B \cos L \\ (N+H_\star)\cos B \sin L \\ [N(1-e^2)+H_\star]\sin B \end{bmatrix} \qquad (2.2)$$

$$N = \frac{a}{\sqrt{1-e^2\sin^2 B}} \qquad (2.3)$$

式中:e 为地球椭球的第一偏心率;N 为卯酉圈曲率半径。

采用式(2.2)和式(2.3)进行大地坐标(L,B,H)到空间直角坐标(X,Y,Z)的转换。

然而,空间直角坐标(X,Y,Z)到大地坐标(L,B,H)的转换可以采取迭代算法:

大地经度 L 的计算:

$$L = \begin{cases} \dfrac{\pi}{2} & (X=0,Y>0) \\[2mm] -\dfrac{\pi}{2} & (X=0,Y<0) \\[2mm] 0 & (X>0,Y=0) \\[2mm] \arctan\left(\dfrac{Y}{X}\right) & (X>0,Y>0) \\[2mm] 2\pi+\arctan\left(\dfrac{Y}{X}\right) & (X>0,Y<0) \\[2mm] \pi & (X<0,Y=0) \\[2mm] \pi+\arctan\left(\dfrac{Y}{X}\right) & (X<0,Y\neq 0) \end{cases} \qquad (2.4)$$

大地纬度 B 和大地高 H 采用迭代方法计算。

初始值计算:

$$\left.\begin{array}{l} N_0 = a \\ H_0 = \sqrt{X^2 + Y^2 + Z^2} - \sqrt{ab} \\ B_0 = \arctan\left[\dfrac{Z}{\sqrt{X^2 + Y^2}}\left(1 - \dfrac{e^2 N_0}{N_0 + H_0}\right)\right] \end{array}\right\} \tag{2.5}$$

迭代计算：

$$\left.\begin{array}{l} N_i = \dfrac{a}{\sqrt{1 - e^2 \sin^2 B_{i-1}}} \\ H_i = \dfrac{\sqrt{X^2 + Y^2}}{\cos B_{i-1}} - N_i \\ B_i = \arctan\left[\dfrac{Z}{\sqrt{X^2 + Y^2}}\left(1 - \dfrac{e^2 N_i}{N_i + H_i}\right)^{-1}\right] \end{array}\right\} \tag{2.6}$$

通常迭代 2～3 次就可以满足停止迭代条件 $|B_i - B_{i-1}| < \varepsilon$ 和 $|H_i - H_{i-1}| < \varepsilon$，$\varepsilon$ 为一个设定的小量。

（2）大地坐标 (L,B,H) 与高斯平面坐标 (x,y) 的转换间的变换方法。

高斯-克吕格投影（Gauss-KrugerProjection），简称高斯投影，是等角横切椭圆柱投影。该投影的特点是角度没有变形，中央子午线长度保持不变，其余各经线均有长度变形。

为了限制长度变形，按一定经差划分成若干投影带。分带时既要控制长度变形，使其不大于测图误差，又要使带数不致过多，以减少换带计算工作。据此原则，通常按经差 6°或 3°分为六度带或三度带。高斯投影六度带，自 0°子午线起向东划分，每隔经差 6°为一带，带号依次编为第 1，2，…，60 带。三度带是自 1.5°子午线起向东划分，每隔经差 3°为一带，带号依次编为第 1，2，…，120 带。三度带的中央子午线，奇数带与六度带中央子午线重合，偶数带与六度带分带子午线重合。

为了避免横坐标 y 出现负值，规定将 y 值加上 500 000 m，又为了区别各带坐标的不同，规定在 y 值的前面冠以带号。至于纵坐标 x 值，无论在哪一带都是由赤道或某一纬线起算的自然值。

由大地坐标 (L,B) 求解高斯投影平面坐标 (x,y) 的过程被称为高斯正算，反之称为高斯投影反算。

高斯投影正算公式为

$$\left.\begin{array}{l} x = X + \dfrac{N}{2}\sin B \cos B l^2 + \dfrac{N}{24}\sin B \cos^3 B \\ \quad (5 - t^2 + 9\eta^2 + 4\eta^4)l^4 + \dfrac{N}{720}\sin B \cos^5 B(61 - 58t^2 + 4t^4)l^6 \\ y = N\cos B l + \dfrac{N}{6}\cos^3 B(1 - t^2 + \eta^2)l^3 \\ \quad + \dfrac{N}{120}\cos^5 B(5 - 18t^2 + 4t^4 + 14\eta^2 - 58\eta^2 t^2)l^5 \end{array}\right\} \tag{2.7}$$

式中：L_0 为高斯投影带的中央子午线经度，$l = L - L_0$。

$l < 3.5°$ 时，式（2.7）的计算精度为 0.001 m。

X 为子午线弧长，用下式计算：

$$\begin{aligned} X = a(1 - e^2)&(A'\sin B - B'\sin 2B + C'\sin 4B - D'\sin 6B \\ &+ E'\sin 8B - F'\sin 10B + G'\sin 12B) \end{aligned} \tag{2.8}$$

其中：

$$A' = 1 + \frac{3}{4}e^2 + \frac{45}{64}e^4 + \frac{175}{256}e^6 + \frac{11\,025}{16\,384}e^8 + \frac{43\,659}{65\,536}e^{10} + \frac{693\,693}{1\,048\,576}e^{12}$$

$$B' = \frac{3}{8}e^2 + \frac{15}{32}e^4 + \frac{525}{1\,024}e^6 + \frac{2\,205}{4\,096}e^8 + \frac{72\,765}{131\,072}e^{10} + \frac{297\,297}{524\,288}e^{12}$$

$$C' = \frac{15}{256}e^4 + \frac{105}{1\,024}e^6 + \frac{2\,205}{16\,384}e^8 + \frac{10\,395}{65\,536}e^{10} + \frac{1\,486\,485}{8\,388\,608}e^{12}$$

$$D' = \frac{35}{3072}e^6 + \frac{105}{4\,096}e^8 + \frac{10\,395}{262\,144}e^{10} + \frac{55\,055}{1\,048\,576}e^{12}$$

$$E' = \frac{315}{131\,072}e^8 + \frac{3\,465}{524\,288}e^{10} + \frac{99\,099}{8\,388\,608}e^{12}$$

$$F' = \frac{693}{1\,310\,720}e^{10} + \frac{9\,009}{5\,242\,880}e^{12}$$

$$G' = \frac{1001}{8\,388\,608}e^{12}$$

(2.9)

(x,y) 为自然坐标，即不带有高斯投影带号，单位为 m。

高斯投影反算公式为

$$B = B_f - \frac{t_f}{2M_f N_f}y^2 + \frac{t_f}{24M_f N_f^3}(5 + 3t_f^2 + \eta_f^2 - 9\eta_f^2 t_f^2)y^4$$

$$- \frac{t_f}{720M_f N_f^5}(61 + 90t_f^2 + 45t_f^4)y^6$$

$$L = L_0 + \frac{y}{N_f \cos B_f} - \frac{y^3}{6N_f^3 \cos B_f}(1 + 2t_f^2 + \eta_f^2)$$

$$+ \frac{y^5}{120N_f^5 \cos B_f}(5 + 28t_f^2 + 24t_f^4 + 6\eta_f^2 + 8\eta_f^2 t_f^2)$$

(2.10)

式中：y 为横坐标自然值；B_f 为垂足纬度，按下式迭代计算：

$$B_0 = \frac{X}{a(1-e^2)}/A'$$

(2.11)

迭代公式：

$$B_{f i+1} = \left[\frac{X}{a(1-e^2)} + B'\sin 2B_{f i} - C'\sin 4B_{f i} + D'\sin 6B_{f i} \right.$$

$$\left. - E'\sin 8B_{f i} + F'\sin 10B_{f i} - G'\sin 12B_{f i} \right]/A'$$

(2.12)

迭代停止条件为

$$|B_{f i+1} - B_{f i}| \leqslant 10^{-3}$$

$l < 3.5°$ 时，式(2.7)的计算精度为 $0.000\,1''$。

2. 不同大地坐标系间的变换

由于人们所选用的旋转椭球不同、椭球的定位和定向不同、应用要求不同等因素，不同坐标系统之间存在着差异，导致了同一点位在不同坐标系中的坐标位置(数值)也不相同。面对不同坐标系统的地理空间数据时，首先要确定该数据使用的坐标系统，不同坐标系统的地理空间数据混合使用时，必须进行坐标转换，以保持空间度量的一致性。

对于空间直角坐标系的坐标转换，图2.4采用欧拉七参数模型描述，即三个平移因子、三个旋转因子(ϵ_x,ϵ_y,ϵ_z)和一个尺度因子(m),即一个直角坐标系的三个正交轴经过旋转、平移和缩放等一系列操作,转换成另一个坐标系,这一过程是可逆的。

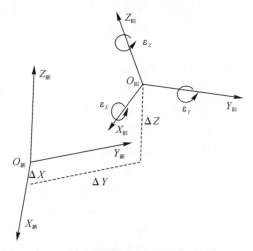

图 2.4　不同空间直角坐标系关系示意图

计算出上述七个欧拉转换参数,就可以建立两个直角坐标系之间的数学关系,进而实现任意一个空间点在两个坐标系之间的转换。要确定七个欧拉转换参数,通常的做法是建立包含七个未知转换参数的方程组,选取足够数量的已知点(已知该点分别在两个坐标系中的坐标)代入方程组,求解"待定系数"而得。具体计算过程如下。

设 $[X_新\ Y_新\ Z_新]^T$ 表示点的地心坐标,以 $[X_s\ Y_s\ Z_s]^T$ 表示;$[X_旧\ Y_旧\ Z_旧]^T$ 表示点的参心坐标,以 $[X_g\ Y_g\ Z_g]^T$ 表示,并写成下式形式:

$$\begin{bmatrix} X_s \\ Y_s \\ Z_s \end{bmatrix}_i = \begin{bmatrix} 1 & 0 & 0 & X_g & 0 & -Z_g & Y_g \\ 0 & 1 & 0 & Y_g & Z_g & 0 & -X_g \\ 0 & 0 & 1 & Z_g & Y_g & X_g & 0 \end{bmatrix}_i \begin{bmatrix} \Delta X \\ \Delta Y \\ \Delta Z \\ m \\ \epsilon_x \\ \epsilon_y \\ \epsilon_z \end{bmatrix} + \begin{bmatrix} X_g \\ Y_g \\ Z_g \end{bmatrix}_i \tag{2.13}$$

写成误差方程形式为

$$\begin{bmatrix} V_s \\ V_s \\ V_s \end{bmatrix}_i = \begin{bmatrix} 1 & 0 & 0 & X_g & 0 & -Z_g & Y_g \\ 0 & 1 & 0 & Y_g & Z_g & 0 & -X_g \\ 0 & 0 & 1 & Z_g & Y_g & X_g & 0 \end{bmatrix}_i \begin{bmatrix} \Delta X \\ \Delta Y \\ \Delta Z \\ m \\ \epsilon_x \\ \epsilon_y \\ \epsilon_z \end{bmatrix} + \begin{bmatrix} W_g \\ W_g \\ W_g \end{bmatrix}_i \tag{2.14}$$

或简写成:

$$V = AX + W \qquad (2.15)$$

式中：V 为全部公共点残差向量；A 为式（2.14）中各点系数组成的系数矩阵；$X = [\Delta X \ \Delta Y \ \Delta Z \ m \ \varepsilon_x \ \varepsilon_y \ \varepsilon_z]^T$ 为未知参数；V 为自由项向量。根据最小二乘原理要求有

$$V^T PV = 最小 \qquad (2.16)$$

可得参数向量的解：

$$X = -(A^T A)^{-1}(A^T W) \qquad (2.17)$$

当进行两种不同大地空间直角坐标系变换时，坐标变换的精度除了取决于坐标变换的数学模型和求解转换参数的公共点坐标精度外，还和公共点的几何图形结构有关。

因为空间点在两个坐标系中的坐标测量存在误差，无法消除这种误差的影响，由待定系数法求解的七参数不能在较大范围内满足转换精度的要求，所以人们提出了新的转换方法——格网法。

格网法是将转换区域划分为小的格网单元，利用两个系统间公共离散点的坐标差，采用一定的内插方法计算具有一定间隔的格网节点的坐标变换改正量，进一步可内插出格网内部任意一点的坐标改正量，从而实现不同坐标系统间的坐标转换。格网法相较七参数方法而言可以实现局部高精度坐标转换，目前已得到较为广泛的应用，该方法的精度很大程度上依赖于公共点的密度和分布。

由于不同坐标系统的建立及点位的测量均经由各自独立观测得出，都无法避免误差的存在，因此，坐标系之间的转换只能在一定的精度范围内进行，不可避免损失点位精度，只能够将误差严格控制在误差允许范围之内。

四、高程系统和高程基准

各国用当地验潮站验潮数据计算的平均海面确定区域性高程基准。由于存在海面地形，各国的高程基准存在差异，所以世界各国采用了不同的高程系统。

1. 高程系统

我国常用的高程系统有正高、正常高和大地高。

（1）正高系统。正高系统是以大地水准面为高程基准面，地面上任一点的正高，即该点沿铅垂线方向至大 地水准面的距离，即

$$H_{正} = \frac{1}{g_m} \int g \, dh \qquad (2.18)$$

式中：dh 为沿水准路线测得的高差；g 为沿该路线的重力值，由重力测量求得；g_m 为沿地面点的垂线至大地水准面之间的平均重力值。由于利用目前的技术手段，精确地测量或计算沿铅垂线弧段的地壳质量分布是不可能的，因此 g_m 难以精确确定，不得不对其质量分布作某种假设并据此计算 g_m。由于水准面的不平行性，同一水准面上的点的正高各不相同。

（2）正常高系统。为了克服获取正高所遇到的困难，苏联学者莫洛金斯基提出了正常高的概念。正常高系统是以似大地水准面为高程基准面，地面上任意一点的正常高，即该点沿正常重力线方向至似大地水准面的距离，即

$$H_{常} = \frac{1}{\gamma_m} \int g \, dh \qquad (2.19)$$

即用平均正常重力值 γ_m 代替 g_m。

由于 γ_m 是可以精确计算的，所以正常高也是可以精确求得的。由地面点沿正常重力线向下截取各点的正常高，由所得的点构成的曲面，称为似大地水准面。似大地水准面不是重力等位面，没有确定的物理意义，但它与大地水准面很接近，在海洋上两者重合，在平原地区两者相差厘米级，在高山地区两者最多相差 $2\ m$ 左右。

（3）大地高系统。它是以参考椭球面为基准面，以椭球的法线为基准线的高程系统。大地高是指地面点沿法线至参考椭球面的距离。

大地高与正高、正常高的关系为

$$H = H_{正} + N = H_{常} + \zeta \tag{2.20}$$

式中：H 为大地高；$H_{正}$ 为正高；N 为大地水准面高；$H_{常}$ 为正常高；ζ 为高程异常。

在工程应用中，大范围的高程异常数据可以使用 $EGM2008$ 重力模型获得。

2. 高程基准

（1）1956 黄海平均海水面。我国早期采用的高程基准是 1956 黄海平均海水面。1954 年，我国确定用青岛验潮站验潮计算的黄海平均海水面作为高程起算面，并于 1955 年在青岛观象山建立了青岛水准原点。1956 年，依据青岛验潮站 7 年的验潮资料计算的黄海平均海水面作为高程基准面，建立了我国的高程基准——1956 黄海平均海水面。青岛水准原点的高程用精密水准测量方法与验潮站的水准零点联测求得，其值为 72.289 m。

（2）1985 国家高程基准。我国目前使用的高程基准是 1985 国家高程基准。1985 国家高程基准包括 1985 黄海平均海水面和水准原点的高程。1985 黄海平均海水面是根据青岛大港验潮站 1952—1979 年的潮汐数据计算得到的黄海平均海水面。水准原点位于青岛验潮站附近的青岛观象山。经原点水准网平差，得到原青岛水准原点相对 1985 黄海平均海水面的高程为 72.2604 m。

第二节　遥感测绘基础

遥感影像经过校正和几何纠正后能够制成正射影像，这种影像带有地理空间信息，是一种地图。地图是地物经过垂直投影后缩小而得的，地图比例尺处处相等，地图中的点位坐标信息是正确的定位信息。正射影像是地物通过中心投影后缩小而得的，地面任意一点都是经过镜头的中心点即摄影中心 S，投影在影像上的。遥感影像上比例尺不统一，与采用垂直投影方式的地图相比，地面上任意一点对应的像点，其平面位置发生了明显的位移。同时，在进行摄影时，像平面与地面也不一定完全平行。因此，除了缩放外，影像中的景物与实地（或地图）相比发生了变形。

一、投影及其分类

像片是所摄物体在像面上的一种投影，图是被测物体在图面上的一种投影。这两种投影的投影方式是不同的，因而一般情况下投影结果也是不同的。研究这两种投影的特点及其相互转化显然是摄影测量学的一项重要任务。

在摄影测量学范围内，通常把一个空间点按一定方式在一个平面上的构像，叫作这个空间点的投影。被投影的空间点叫作物点，物点对应的投影点叫作像点，物点与像点的连线叫做投射线，承载像点的平面叫作承影面或像面。

由光线沿直线传播可知,经中心投影所成影像虽有变形,但遵守一个基本的几何法则,即像点、摄影中心、物点三点共线,如图 2.5 所示。

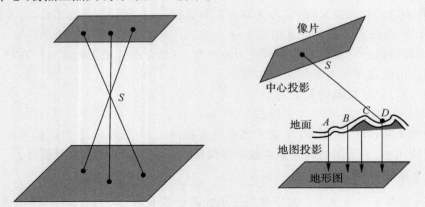

图 2.5　中心投影与平行投影

基于影像测图的关键是严格建立像片获取瞬间所存在的像点与实际物点之间的几何关系。一旦这种几何对应关系得到正确恢复,就可以通过像片实现对地表的量测,包括对目标的位置及大小的量测。

如图 2.6 所示,地面一地物点 A 经由传感器摄影中心 S 在像片中所成的像点为 a,若恢复了摄影瞬间像片与地面之间的几何关系,即等效于建立起像片平面坐标系与地面地理坐标系之间严格的对应关系,就可以在像片中通过像点 a 确定地物点 A 的准确位置。

像片与地面之间的几何关系在摄影瞬间由内方位元素和外方位元素决定。内方位元素是描述摄影中心与像片之间相互位置关系的参数,可由传感器出厂前检定得到,一般视为已知。外方位元素是确定传感器在摄影瞬间的空间位置和姿态的参数,其中姿态参数可以理解为航空摄影时飞机的俯仰角、滚动角和航偏角。由此可知,恢复像点与实际物点之间的几何关系的关键就是要确定成像瞬间传感器的位置和姿态,即外方位元素。

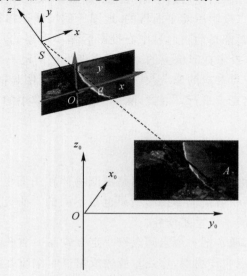

图 2.6　像点与物点几何关系示意图

确定外方位元素可以采用两种方式。一种是利用像点、摄影中心和物点三点共线的基本原理(共线方程),选取已知的地面控制点经计算得出。另一种是采用位置与姿态测量系统,无须寻找地面已知控制点,直接在成像瞬间自动实时探测并记录传感器的位置和姿态信息,此种方式也称为无控测量。对境外区域测绘时,往往难以或无法获知地面控制点,因此,无控测量在遥感测绘中显得尤为重要。

二、遥感定位原理

内、外方位元素记录了成像瞬间像片与地面之间的几何关系,确定了内、外方位元素就能够恢复成像时传感器的位置和姿态,从而实现基于影像对地物的量测。确定了内、外方位元素的单张影像就可以确定目标在地表的平面位置(X,Y)。两张以上具有一定影像重合度的像片构成立体相对,在分别恢复了各自的内、外方位元素的情况下,从两张影像的同名像点可沿着摄影光线逆向交会出地面物点,从而能够确定地物点在地表的三维坐标(X,Y,Z),实现立体测图。遥感定位原理可分为单像定位和双像定位。

1. 单像定位

利用单幅影像确定目标空间位置称为单像定位。单像定位的基本理论依据就是共线条件,即摄影时物点、物镜中心、像点这三点位于同一直线上。由此建立的方程则是共线方程或构像方程,即

$$x=-f\frac{a_1(X_T-X_S)+b_1(Y_T-Y_S)+c_1(Z_T-Z_S)}{a_3(X_T-X_S)+b_3(Y_T-Y_S)+c_3(Z_T-Z_S)}$$
$$y=-f\frac{a_2(X_T-X_S)+b_2(Y_T-Y_S)+c_2(Z_T-Z_S)}{a_3(X_T-X_S)+b_3(Y_T-Y_S)+c_3(Z_T-Z_S)}$$
(2.21)

式(2.21)就是构像方程式。其中(X_T,Y_T,Z_T)是地面点在地辅系中的坐标,$x,y,-f$是像点在像空系中的坐标,a_i,b_i,c_i是旋转矩阵的元素(与摄影瞬间遥感器的姿态有关),X_S,Y_S,Z_S为摄站的坐标。

以上所得到的构像方程式是用地面点坐标表示像点坐标的共线条件方程,反之也有用像点坐标表示地面点坐标的共线条件方程。

$$X_T-X_S=(Z_T-Z_S)\frac{a_1x+a_2y-a_3f}{c_1x+c_2y-c_3f}$$
$$Y_T-Y_S=(Z_T-Z_S)\frac{b_1x+b_2y-b_3f}{c_1x+c_2y-c_3f}$$
(2.22)

由式(2.21)、式(2.22)可知,如果已知地物点的空间坐标,可确定地物点所对应像点的像点坐标。反之,如果已知像点的像坐标(x,y)确定对应地物点的空间坐标(X_T,Y_T,Z_T),则是不可能的。如果再增加已知条件,如已知地面点的Z_T坐标,则(X_T,Y_T)就可以确定了。这些分析是对单幅影像构像和投影性质应有的基本认识。

2. 双像定位

以单幅影像为基础的定位不能解决空间目标的三维坐标测定问题,解决这个问题要依靠由不同摄影站摄取的具有一定影像重叠的两幅影像为基础的定位,即双像定位。双像定位所依赖的基本理论依据除共线条件外,还有共面条件,即同名投影光线与基线(立体像对两摄影站的连线)应该共面。

由于一个地物点可以对应两个像点$a(x,y)$,$a'(x',y')$,所以利用两组共线方程就可以

确定地物点的空间坐标 $A(X_T, Y_T, Z_T)$，有。

$$\left.\begin{aligned}X_T - X_S &= (Z_T - Z_S)\frac{a_1 x + a_2 y - a_3 f}{c_1 x + c_2 y - c_3 f}\\[2mm]Y_T - Y_S &= (Z_T - Z_S)\frac{b_1 x + b_2 y - b_3 f}{c_1 x + c_2 y - c_3 f}\end{aligned}\right\} \tag{2.23}$$

$$\left.\begin{aligned}X_T - X'_S &= (Z_T - Z'_S)\frac{a'_1 x' + a'_2 y' - a'_3 f}{c'_1 x' + c'_2 y' - c'_3 f}\\[2mm]Y_T - Y'_S &= (Z_T - Z'_S)\frac{b'_1 x' + b'_2 y' - b'_3 f}{c'_1 x' + c'_2 y' - c'_3 f}\end{aligned}\right\} \tag{2.24}$$

地物点的空间坐标 (X,Y,Z) 也可由下式计算：

$$\begin{pmatrix}X\\Y\\Z\end{pmatrix} = \begin{pmatrix}a_1 & a_2 & a_3\\b_1 & b_2 & b_3\\c_1 & c_2 & c_3\end{pmatrix}\begin{pmatrix}x\\y\\-f\end{pmatrix} \tag{2.25}$$

$$\begin{pmatrix}X'\\Y'\\Z'\end{pmatrix} = \begin{pmatrix}a'_1 & a'_2 & a'_3\\b'_1 & b'_2 & b'_3\\c'_1 & c'_2 & c'_3\end{pmatrix}\begin{pmatrix}x'\\y'\\-f\end{pmatrix} \tag{2.26}$$

$$\left.\begin{aligned}N &= \frac{(X_S - X'_S)Z' - (Z_S - Z'_S)X'}{XZ' - ZX'}\\[2mm]N' &= \frac{(X_S - X'_S)Z - (Z_S - Z'_S)X}{XZ' - ZX'}\end{aligned}\right\} \tag{2.27}$$

$$\left.\begin{aligned}X_T &= NX + X_S = N'X' + X'_S\\Y_T &= NY + Y_S = N'Y' + Y'_S\\Z_T &= NZ + Z_S = N'Z' + Z'_S\end{aligned}\right\} \tag{2.28}$$

3. 缺少控制点的卫星遥感对地目标定位

采用推扫式传感器获取的遥感影像的卫星越来越多，如 SPOT、IKONOS、我国的"资源二号"卫星。在缺少地面控制点条件下，采用严密成像几何模型，建立影像点坐标 (x,y) 与对应地物点的坐标 (X,Y,Z) 之间的数学关系。其数学关系如下：

$$\begin{bmatrix}X\\Y\\Z\end{bmatrix}_{WGS84} = \begin{bmatrix}X_{GPS}\\Y_{GPS}\\Z_{GPS}\end{bmatrix} + \boldsymbol{R}_{J2000}^{WGS84}\boldsymbol{R}_{Star}^{WGS84}(\boldsymbol{R}_{Star}^{body})^T\left\{\begin{bmatrix}D_x\\D_y\\D_z\end{bmatrix} + \begin{bmatrix}d_x\\d_y\\d_z\end{bmatrix} + m\boldsymbol{R}_{camera}^{body}\begin{bmatrix}\tan\varphi_Y\\\tan\varphi_X\\-1\end{bmatrix}f\right\} \tag{2.29}$$

式中：$[X,Y,Z]_{WGS84}^T$ 表示地面点 P 在 WGS84 坐标系中的空间直角坐标；$[X_{GPS}, Y_{GSP}, Z_{GSP}]^T$ 表示 GPS 相位中心在 WGS84 坐标系中的空间直角坐标；$\boldsymbol{R}_{J2000}^{WGS84}$ 为 WGS84 坐标系和 J2000 坐标系在成像时刻之间的旋转矩阵；$\boldsymbol{R}_{Star}^{J2000}$ 为星敏测定的星敏测定的星敏本体在 J2000 坐标系的指向矩阵；$[D_x, D_y, D_z]^T$ GPS 相位中心在卫星本体的三个偏移量；$[d_x, d_y, d_z]^T$ 相机的后节点在卫星本体的三个偏移量；$\boldsymbol{R}_{camera}^{body}$ 为相机坐标系和卫星本体坐标系之间的旋转矩阵；(φ_X, φ_Y) 为 CCD 线阵上每个像元在相机坐标系的指向角；m 为比例系数；f 为相机主距。

式 (2.29) 建立了影像从拍摄到地面点间的坐标转换关系，其实质是完成像点坐标 (x,y) 到对应地物点的坐标 (X,Y,Z) 的坐标转换。卫星在轨运行期间，考虑到摄动轨道因素，GPS 相位中心位置和相机的姿态的求解在沿轨道方向主要受到星历数据、时间误差、俯仰角和航偏角等因素的影响；在垂直轨道方向主要受到星历数据、滚动角、侧视角、时间误差等因素的影响；在轨道面上受到星历数据、姿态、侧视角、时间误差等因素的影响。因此遥感影像几何纠正的理论精度受到以上因素的影响。

三、遥感影像几何纠正

随着遥感应用领域的扩大，对遥感影像的几何处理要求越来越高。作为遥感对地目标定位和地球空间信息提取理论基础的遥感影像几何处理模型，已成为摄影测量与遥感领域的新的研究热点。与传统框幅式传感器成像不同，高分辨率卫星传感器多为电荷耦合元件（Charge-Coupled Device，CCD）线阵列推扫式成像。由于成像模式的改变，高分辨率卫星遥感影像的几何处理必须发展一套适合自身特点的几何处理模型和方法。

1. 高分辨率卫星遥感影像的主要误差源

由不同传感器获取的遥感影像具有与其自身几何特性相对应的一系列几何变形，包括与姿态、位置和速度等相关的因素，同时还与用户最终所选择的投影方式、影像覆盖地形等条件有关。加拿大学者 Toutin 将引起影像几何变形的误差源分为两类：源于影像获取系统的误差和源于被观测物体的误差（见表2.1）。各种误差源大多是可建模的，且产生的影像变形是系统性误差。

表 2.1　卫星遥感影像误差源

误差类别	误差来源	产生误差的原因
影像获取系统引起的误差	平　台	平台运动速度、姿态变化
	传感器	传感器扫描速度、侧视角变化
	测量设备	系统时间不同步或钟差
被观测地物和环境引起的误差	大　气	大气折射
	地　球	地球曲率、自转和地形起伏
	地图投影	从测量坐标系统到地图投影一些列投影变换模型误差

2. 遥感卫星影像几何纠正模型

遥感卫星影像受到以上误差源的影响导致影像存在几何畸变。使用遥感卫星影像制作地理信息产品需要纠正其几何畸变。消弱影像几何畸变的方法是构建几何纠正模型，在准确建模或逼近并改正影像变形的基础上，正确地描述像点与其对应物点坐标间的严格几何关系，以便对原始影像进行高精度的几何纠正及对地目标定位，从而实现由二维遥感影像反演地表空间位置。

由于各种卫星传感器特性的不同，几何纠正模型间存在严密性、复杂性、准确性等差异。当前主要的几何纠正模型分为严格物理模型和经验模型两类。

遥感卫星光学影像成像过程满足中心投影共线条件。如推扫式成像仪获取连续影像条带，每一扫描行影像与被摄物体之间具有严格的中心投影关系，并且都具有各自的外方位元素。为了完全再现成像瞬间各项条件与原始影像间的对应函数关系，严格物理模型需要对各项误差源建立与之相应的数学模型。采用严格物理模型纠正几何畸变涉及平台模型、传感器模型、大地模型和投影模型。其原理是用传统摄影测量方法，恢复摄影瞬间光线的位置、姿态等定向参数。因此采用严格物理模型纠正影像几何畸变需要获取影像拍摄系统（平台、传感器、投影方式等)先验信息。

与严格物理模型对应的是经验模型。经验模型不考虑误差源与影像变形间的具体关系，在几何纠正时无需影像获取系统任何先验信息，完全独立于具体的传感器。经验模型一方面可以有效地避免传感器和轨道参数等核心信息的泄漏；另一方面在很大程度上减少了高分辨率卫星遥感影像几何处理的复杂性。常用的经验模型有多项式模型和有理函数模型。

(1)多项式模型。前面讨论数学模型都是假定共线条件是严格满足的，实际上我们所能得到的航摄像片由于各种物理因素的影响而使共线条件不能严格满足。这些物理因素主要包括航摄仪的物镜并非理想光组，使构像光线经物境之后不能保持直进；航摄仪的底片压平装置不能使底片严格压平；摄影处理(显影、定影、水洗、晾干等)后摄影材料产生均匀、不均匀以及偶然变形；摄影时构像光线所通过的大气层并非均匀介质，因而产生折射等。这些因素都会造成像点、投影中心和物点不再共线。此外，由于有时取用局部的水平面作为摄影测量的基准面，而实际的地表面应该是个曲面，两者之间的差异便是地球曲率的影响。这些在测量定位中都必须考虑和处理。

处理以上采用严格物理模型实现遥感影像定位的方法以外，还可以采用多项式拟合的方法。该方法认为像点坐标和相应地面点的平面坐标之间可以用某多项式来近似表示，所以用各种多项式来拟合像点与相应地面点之间的关系。该方法计算简单，适用于遥感影像垂直情况下拍摄，地面起伏不大的情况。

一般多项式模型常采用二元或三元多项式，有

$$\left. \begin{aligned} P_{2D}(x,y) &= \sum_{i=0}^{m}\sum_{j=0}^{n} a_{ij}X_iY_j \\ P_{2D}(x,y) &= \sum_{i=0}^{m}\sum_{j=0}^{n} a_{ij}X_iY_j \end{aligned} \right\} \tag{2.30}$$

式中：a_{ij} 为多项式系数；(x,y) 为像点坐标；(X,Y,Z) 为地面点的物空间坐标。

一般多项式通常不超过 3 阶，有

$$\left. \begin{aligned} X &= a_0 + a_1x + a_2y + a_3x^2 + a_4xy + a_5y^2 + a_6x^3 + a_7x^2y + a_8xy^2 + a_9y^3 + \cdots \\ Y &= b_0 + b_1x + b_2y + b_3x^2 + b_4xy + b_5y^2 + b_6x^3 + b_7x^2y + b_8xy^2 + b_9y^3 + \cdots \end{aligned} \right\} \tag{2.31}$$

式中：a_i,b_i 为多项式系数。

更高的阶数并不能提高影像处理精度，甚至会由于过度的参数化降低影像几何处理精度。这种方法只能应用于影像畸变较小的且较为简单的情况(垂直下视影像、覆盖范围较小、地势平坦的影像)。一般多项式模型的定向精度与地面控制点的数量、分布、精度、实际地形有关。通常控制点附近区域地面点坐标拟合较好，远离控制点地区拟合精度较差。这种方法在早期的中低分辨率卫星遥感影像几何处理中广泛使用，对于高分辨率卫星遥感影像的几何处理中逐步被有理函数模型取代。

(2)有理函数模型。在遥感图像正射纠正过程中采用有理函数模型(RPC模型)：将地面点的物方坐标 (X,Y,Z) 与其对应的像点坐标 $p(l,c)$ 用比值多项式关联起来。为了增强参数求解的稳定性，将物方和影像坐标正则化到 $[-1,1]$ 之间。对一幅影像定义了如下的比值形式：

$$l_n = \frac{p_1(X_n,Y_n,Z_n)}{p_2(X_n,Y_n,Z_n)} \atop c_n = \frac{p_3(X_n,Y_n,Z_n)}{p_4(X_n,Y_n,Z_n)} \Bigg\} \qquad (2.32)$$

式中:(l_n,c_n) 为正则化的像点坐标;(X_n,Y_n,Z_n) 为正则化的物方坐标。

物方坐标正则化为

$$\left.\begin{aligned} l_n &= \frac{l-l_0}{l_s} \\ c_n &= \frac{c-c_0}{c_s} \\ X_n &= \frac{X-X_0}{X_s} \\ Y_n &= \frac{Y-Y_0}{Y_s} \\ Z_n &= \frac{Z-Z_0}{Z_s} \end{aligned}\right\} \qquad (2.33)$$

式中:l_0,c_0,X_0,Y_0,Z_0 为标准化平移参数;l_s,c_s,X_s,Y_s,Z_s 为标准化平移参数。

RPC 是传感器严格几何模型的拟合形式,是根据卫星平台载荷测量的平台运动轨迹参数、姿态参数、传感器安装参数及传感器内部几何参数构建的像-地关系几何模型。

以上比值公式分子、分母分别为三次 20 项多项式函数,即

$$\sum_{i=1}^{20} C_i\rho_i(X_n,Y_n,Z_n) = C_1 + C_2X_n + C_3Y_n + C_4Z_n + C_5X_nY_n + C_6X_nZ_n + C_7Y_nZ_n + C_8X_n^2$$
$$+ C_9Y_n^2 + C_{10}Z_n^2 + C_{11}X_nY_nZ_n + C_{12}X_n^3 + C_{13}X_nY_n^2 + C_{14}X_nZ_n^2 + C_{15}X_n^2Y_n + C_{16}Y_n^3$$
$$+ C_{17}Y_nZ_n^2 + C_{18}X_n^2Z_n + C_{19}Y_n^2Z_n + C_{20}Z_n^3 \qquad (2.34)$$

GeoTIFF 文件中包含 RPC 信息,国产卫星数据有 *.rpc 或 *.rpb 文件存储 RPC 信息,以及归一化等 10 个参数,因此只需要知道高程数据,就可以求出每个像元的经纬度,从而实现正射校正。

公式将有理函数模型中参数的求解转换为线性方程,将式(2.19)线性化为

$$\left.\begin{aligned} F_X &= p_1(X_n,Y_n,Z_n) - l_np_2(X_n,Y_n,Z_n) = 0 \\ F_Y &= p_3(X_n,Y_n,Z_n) - l_np_4(X_n,Y_n,Z_n) = 0 \end{aligned}\right\} \qquad (2.35)$$

采用最小二乘方法,误差方程为

$$\boldsymbol{V} = \boldsymbol{Ax} - \boldsymbol{l} \qquad (2.36)$$

其中:

$$\boldsymbol{A} = \begin{bmatrix} \dfrac{\partial F_X}{\partial a_i} & \dfrac{\partial F_X}{\partial b_i} & \dfrac{\partial F_X}{\partial c_i} & \dfrac{\partial F_X}{\partial d_i} \\ \dfrac{\partial F_Y}{\partial a_i} & \dfrac{\partial F_Y}{\partial b_i} & \dfrac{\partial F_Y}{\partial c_i} & \dfrac{\partial F_Y}{\partial d_i} \end{bmatrix}$$

$$l = \begin{bmatrix} -F_X^0 \\ -F_Y^0 \end{bmatrix}$$

$$x = \begin{bmatrix} a_i & b_i & c_i & d_i \end{bmatrix}^T$$

设 W 为权矩阵,在有理函数模型系数求解中,一般为单位权矩阵。

式中 $\begin{bmatrix} a_i & b_i & c_i & d_i \end{bmatrix}^T$ 为式(2.32)中分子分母多项式系数。将式(2.32)变化为法方程,有

$$(A^T WA)x = A^T Wl \tag{2.37}$$

W 为单位权矩阵,理论上可以计算出有理函数模型系数 $x = \begin{bmatrix} a_i & b_i & c_i & d_i \end{bmatrix}^T$。

$$x = A^T l (A^T A)^{-1} \tag{2.38}$$

考虑到在计算过程中由于法方程的病态或秩亏,对式(2.37)改进,采用王新洲提出的谱修正迭代法方程,经过几次迭代就可以求得收敛的解,具体计算过程如下。

对式(2.37)两边同时加上 x,得到

$$(A^T WA + E)x = A^T Wl + x \tag{2.39}$$

其中:E 为和 $A^T WA$ 同阶的单位矩阵。通过对式(2.39)迭代,可以求解无偏的 x。

有理函数模型从其构建的方式可以分成"与地形无关"和"与地形相关"两种方案:与地形无关的方案是因为用于解算有理函数多项式系数的控制点是通过严格物理模型计算得到的虚拟格网点,并非真实的地面控制点。与地形相关的方案类似于一般多项式模型的构建方法。有理函数多项式系数的求解依赖于地面测量所获得的大量地面控制点,其精度很大程度上受控制点分布的影响,往往需要很多的控制点来提高参数的求解精度,而这样的要求通常难以实现。

然而,近年来用于不同高分辨率卫星影像上 SPOT - 5 1A、EROS - A1、IKONOS Geo 和 QuickBrid - 2 的有理函数模型却难以取得一致的结果,有时甚至会存在定位精度较差的情况。现有的研究均表明,有理函数模型用于平坦地区影像处理时能够获得比较理想的结果,但对地形起伏较大地区的定位精度较低。因此,仍然需要进一步研究有理函数模型在实际应用中的适用性和局限性,特别是在大地形起伏的情况下。

第三节　地图的基本知识

一、地图的概念及分类

地图以特有的数学基础、地图语言和抽象概括法则,表现地球或其他星球自然表面的时空现象,反映人类的政治、经济、文化和历史等人文现象的状态、联系和发展变化。它具有可量测性、直观性和一览性等特性。

地图的内容包含三大要素:数学要素、地理要素和辅助要素。数学要素包括地图的坐标网、控制点、比例尺和定向等内容。与一般的"草图"或"图画"不同,地图具有严格的数据基础,可以在图上进行精确的距离、方位和面积等量算。地理要素就是地图图面要表示的主要内容,分为自然要素(地貌、水系、植被等)和人文要素(居民地、交通、政区与境界等)。辅助要素是帮助地图读者读懂地图的辅助说明性信息,主要包括图名、接图表、分度带、图例、附图和成图说

明等。

不同应用需求和分类标志形成了丰富多样的地图分类。地图按内容可分为普通地图和专题地图两大类。普通地图是以相对平衡的详细程度表示地表的一般特性(均衡的表示水系、高程、地貌、交通、境界等基本要素),具有高精度的可量测性。按照比例尺大小和表示内容的详细程度,比例尺大于或等于1:100万的普通地图称为地形图,比例尺小于1:100万的称为地理图,又称一览图。专题图是根据需要突出反映一种或几种主题要素或现象,而使地图内容专门化的地图,它侧重表示某一方面的内容,强调"个性"特征,其内容是由地理底图和专题要素两大部分构成。

地图按地图表现形式可分为模拟地图和电子地图。模拟地图一般指传统意义上的纸图,电子地图特指在计算机屏幕上显示的地图。地图按维数分为平面地图(二维)、立体地图(三维)和可进入地图(多维);地图按用途分为军用地图和民用地图;地图按比例尺分为大比例尺地图、地图中比例尺地图和小比例尺地图;地图按出版方式分为单张地图和地图集;地图按照地图数据结构分为矢量地图和栅格地图等。此外,还有具有动态效果的动态地图和采用特殊材料制成的防水地图、夜光地图等。

我国系列比例尺地形图包括大比例尺地形图(1:1万、1:2.5万、1:5万、1:10万)和中小比例尺协同图(1:25万、1:50万、1:100万)。地形图详细表示地物地貌。图上绘有独立地物、居民地、道路、桥梁、水系、土质、植被以及山地平原等各种地形要素,并绘有平面直角坐标网和地理坐标网,可量取坐标、距离、面积和坡度等地形因子。

海图是海洋测量和调查研究的成果,又是服务于海洋开发的工具。海图主要供海军航海船研究海区形势、舰船定位及标绘航线等使用。海图突出表示海岸、海底地貌、航行障碍物、助航标志、水文和海上界线等,包括航海图、海底地形图等。

航空图是空中领航与飞行、地面指挥与引导所使用的各种地图。重点表示与飞行有关的内容,如主要的水系及水利工程设施、重要的居民地、主要道路、机场及障碍物、导航设施、特殊空域、地磁信息等。比例尺方面,航空图一般采用1:100万,低空飞行采用1:50万,1:200万航空图供高空、高速及远程飞行使用。

从地图分类来看,地理信息产品中的各类专题图是为满足不同行业、不同应用需求而专门制作的,其形式灵活多样,既有模拟的又有电子的,既有平面的又有立体的,既有矢量的又有栅格的。可以想象,随着测绘应用领域的发展,还会出现更多类型的专题地图。

二、地图投影

不规则的地球表面可以采用地球椭球面来替代,地球椭球面是不可展曲面,而地图是一个平面,将地球椭球面上的点映射到平面上的方法,称为地图投影。

将曲面映射为平面,且不能有断裂,那么图形必将在某些地方被拉伸,某些地方被压缩,因而投影变形是不可避免的,投影变形有长度、角度和面积变形三种。在实际应用中,可以控制某种变形来实施投影,如角度不变(等角投影),则投影后的地图能保持图形方位关系与实地的一致性。

从几何角度看,地图投影是将不可展的地球椭球面投影到一个可展曲面上,然后将该曲面展开成为一个平面而得到。通常采用的这个可展曲面有圆锥面、圆柱面、平面,相应地可以得到圆锥投影、圆柱投影、方位投影。其中圆锥投影适用于中纬度地区,方位投影适用于高纬度及两极地区(见图 2.7)。

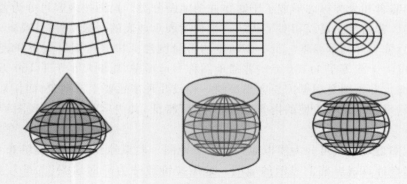

图 2.7   几种地图投影的几何示意

从数学角度来看,投影的实质就是建立地球椭球面上点的坐标(B,L)与平面上对应的坐标(X,Y)之间的函数关系,用数学表达式表示为

$$\left.\begin{array}{l} x = f_1(B,L) \\ y = f_2(B,L) \end{array}\right\}$$ (2.40)

当系统所使用的数据是来自不同地图投影的图幅时,需要将一种投影的数字化数据转换成所需投影的数字化数据,这就需要进行地图投影变换。

地图投影的选择要根据地图用途、制图区域适应性而定,我国基本比例尺地形图(1∶100万、1∶50万、1∶25万、1∶10万、1∶5万、1∶2.5、1∶1万、1∶5 000)中,1∶100万地形图采用等角正圆锥投影,其他均采用高斯-克吕格投影;我国大部分省区图以及大多数这一比例尺的地图也多采用圆锥投影;海图通常使用墨卡托投影。在测绘成果中,专题图用于展示地面点精确的定位和细节结构特征,涉及区域小、精度高,一般采用高斯-克吕格投影;方位图的投影选择视制图区域大小和所在纬度范围等实际情况而定,常用的有方位投影、圆锥投影等。几种地图投影的几何示意如图 2.7 所示。

常见的地图投影有高斯-克吕格投影、正等角圆锥投影和墨卡托投影等。

1.高斯-克吕格投影

高斯-克吕格投影(简称高斯投影)用于我国比例尺大于1∶100万的系列地形图,是应用最广泛的地图投影之一。高斯投影是一种横轴等角切椭圆柱投影,它是将一个椭圆柱横切于地球椭球体上,该椭圆柱面与椭球体表面的切线为一经线,投影中将其称为中央经线,然后根据一定的投影条件,将中央经线两侧规定范围内的点投影到椭圆柱面上,如图 2.8 所示。

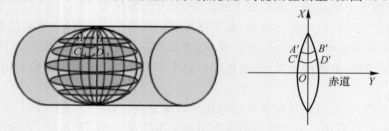

图 2.8   高斯投影及其经纬线图形

高斯投影变形具有以下特点:角度无变形;中央经线上无变形;同一条纬线上,离中央经线越远,变形越大;同一条经线上,纬度越低,变形越大;等变形线为近似平行于中央经线的直线。

根据高斯投影离中央经线越远变形越大的特点,为了控制变形,我国地形图采用分带方法,将地球按一定间隔的经差(60 或 30)划分为若干相互不重叠的投影带,各带分别投影,其中1∶2.5 万～1∶50 万地形图采用 60 分带,比例尺大于 1∶1 万的地形图采用 3°分带。分带投影后,各带自成独立的坐标系统,为了区分点属于哪一带,规定高斯投影横坐标前冠以带号,为了避免高斯坐标中横坐标出现负值,还规定纵坐标轴向西平移 500 km,这意味着一个点在高斯投影下的横坐标数值被人为增加了 500 km。

2.正等角圆锥投影

正等角圆锥投影主要用于中纬度地区小比例尺地图,我国 1∶100 万地形图、我国大部分省区图、各国 1∶100 万和 1∶200 万航空图等采用此种投影。正等角圆锥投影是假想圆锥轴和地球椭球体旋转轴重合并套在椭球体上,圆锥面与地球椭球面相割,将经纬网投影于圆锥面上展开而成的。其经线表现为辐射的直线束,纬线投影成同心圆弧。

圆锥面与椭球面相割的两条纬线圈,称之为标准纬线。采用双标准纬线的相割比采用单标准纬线的相切,其投影变形小而均匀。

该投影的变形规律是:角度没有变形;同一条纬线上的变形处处相等;两条标准纬线上没有任何变形;在同一经线上,两标准纬线外侧为正变形(长度比大于 1),而两标准纬线之间为负变形(长度比小于 1),变形不均匀,北边变形的增长快于南边;同一纬线上等经差的线段长度相等,两条纬线间的经线线段长度处处相等。

3.墨卡托投影

墨卡托投影,即等角正圆柱投影,由 16 世纪荷兰制图学家墨卡托(Mercator,1512—1594年)创制并用于编制海图,沿用至今。从几何意义上看,其是以正圆柱面为投影面,按某种投影条件,将地球面上的经纬线网投影于圆柱面上,然后展成平面的一种投影。

在墨卡托投影中,纬线投影为平行直线,经线投影为与纬线正交的另一组平行直线,两经线间的间隔与相应经差成正比(见图 2.9)。

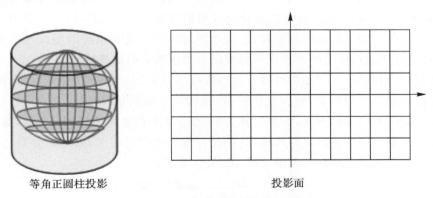

等角正圆柱投影　　　　　　　　　　　　投影面

图 2.9　墨卡托投影及其经纬线图形

墨卡托投影的各种变形只与纬度相关,与经度无关,等变形线形状与纬线相一致,是平行于标准纬线的直线。因此,墨卡托投影适合制作沿纬线延伸地区的地图,特别是沿赤道延伸地区的地图。

墨卡托投影虽然在长度和面积方面的变形很大,但几个世纪以来,世界各国一直用它作海图,这是由于等角航线投影成直线这一特性,便于在海图上进行航迹绘算,使领航十分简便。

从几何上看,高斯-克吕格投影为等角横切椭圆柱投影,也称为横墨卡托投影(Transverse Mercator Projection,TMP),简称 TM 投影。通用横墨卡托投影(Universal Transverse Mercator Projection),简称 UTM 投影。几何上可以把 UTM 投影理解为等角割圆柱投影,可视为高斯-克吕格投影的相似变换,圆柱割地球于两条等高圈上,投影后两条割线上没有变形。UTM 投影改善了高斯-克吕格投影的低纬度变形,目前,许多国家的地形图都采用 UTM 投影,用于全球 85°N 和 85°S 之间地区。

三、地图基础知识

1. 地图比例尺

地图是将地面点、线、图形按照投影公式转换到投影平面上,并按一定比例缩小成图的。这个缩小的比率叫作地图比例尺。地图比例尺用图上单位线段长度与实地相应水平距离的比例来表示,即

$$\text{地图比例尺} = \text{图上线段长度}/\text{实地相应水平距离} = 1/M \tag{2.41}$$

式中:M 称为比例尺分母,其值越大,比例尺越小。一幅图,当幅面大小确定时,比例尺越大,图面显示内容越详细,它所包括的实地范围越小;反之,比例尺越小,图面内容越简略,图上显示范围越大。

地图比例尺主要有三种表现形式。用文字叙述地图缩小的比率称文字比例尺,如"一万分之一"或"图上 1 cm 相当于实地 500 m"等;用比例式或分数式表示的称为数字比例尺,如1∶50 000,或 1/50 000;用设定的一定比例关系的线段长度表示图上距离的比例尺形式叫作直线比例尺,可以使用两脚规直接比对度量距离。

2. 地图符号

地形图符号简称地形符号,是表示地形要素的空间位置、大小(或范围)、质量和数量特征的约定图解记号。它是表达地表自然和社会现象的基本手段,也是识、用地形图的语句和语言。我国系列比例尺地形图中的符号样式、尺寸和对应的含义在地形图图式规范中做了严格的规定,在阅读地图时可以参照图式规范和地图上的图例来识别符号的含义。

地形符号分为地物符号和地貌符号。地物符号用以表示、判识地面固定性物体的地形符号。一般按照地物的空间形态,分为点状符号、线状符号和面状符号(见图 2.10)。点状符号只关心地物的定位及代表的意义,不关心其大小,符号大小与地图的比例尺无关,如医院、运动场。线状符号按某一线性方向延伸构成,其长度与地图比例尺相关,如高速公路、河流等。面状符号表示空间具有某种属性的范围区域,如沼泽、蓄洪区。

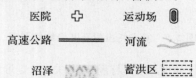

图 2.10　点状符号、线状符号和面状符号

常见的地图符号见表2.2。

表 2.2　省区图、地区图常用图例

居民地		境　界			交　通
符　号	地　物	符　号	地　物	符　号	地　物
◎	首　都	▨▨▨	国界	━╍━╍━	铁　路
◉	省级政府驻地	▨▨▨	未定国界	━┄━┄━	建筑中的铁路
◎	地级市政府 外国重要城市 自治州政府	▨▨▨	省级、未定省 级界线	━━━━	高速公路
				━ ━ ━	建筑中的高速公路
				━━⟨301⟩━━	国道及编号
◉	地区(盟)行政 公署驻地	▨▨▨	特别行政 区界线	━━━━	省级以下公路
				┄┄┄┄	大车路、小路
◉	县级政府驻地 外国一般城市	─ ─ ─	地级政府 界线	⊢═════⊣	隧　道
				━━•━━•━━	油、气管道
		▨ ▨ ▨	特种地区界	┬──┬──┬	运　河
○	乡镇、村庄	··········	停战界线	海里（千米）	航海线及里程

地形符号只能表示物体的形状、位置、大小和种类,不能明确表示其数量、质量和名称,需要使用文字和数字加以注记,作为符号的补充说明(见图2.11)。

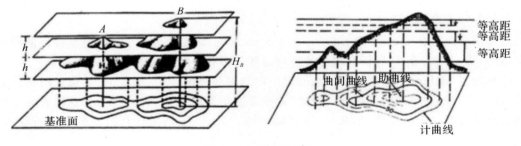

图 2.11　等高线概念

地表的起伏形态称为地貌。地形图上主要采用等高线来表示。等高线是地面上高程相等的点的连线。等高线表示地貌的原理为用一组高差间隔相等的水平面去切割高低起伏的地表,其截面为大小不同的闭合曲线,将这些截面垂直投影到平面上,便形成了一圈套一圈的曲线(显然,每一圈曲线代表的高程由外到内依次均匀递增),按一定比例尺缩小到图面上,就得到了地图上的等高线。

两条等高线间的高程差叫作等高距。同一等高距表示的地貌,等高线越密集的区域地形起伏越大(如高差大、坡度陡的山地),反之越平坦。

根据形态特征,地貌类型总体分为大陆和海洋,次一级划分为山地与平原(海洋中有海底山地、海底平原)。山地分为山岭、谷地和山盆地。根据绝对高度,山地可分为极高山(5 000 m)、高山（3 500～5 000 m）、中山（1 000～3 500 m）和低山（500～1 000 m），丘陵属于低山与平原的过渡。山地地貌形态虽然多种多样，但它们都是由山顶、鞍部、山背、山脊、山谷等地貌元素组成的。山体的最高部位叫山顶，从山顶到山脚向外突出的山体部分叫山背，相邻两山或山脊之间的低凹部分叫山谷，相邻两山顶间形如马鞍状的凹部叫鞍部。数个相邻山顶、山背和鞍部所连成的突棱部分叫作山脊，山体与地平的交线叫作山脚，山顶到山脚的坡面叫斜面。

四、电子地图与地理信息系统

1.电子地图

电子地图又称为"屏幕地图"，是利用数字地图制图技术形成的地图品种。它是以数字地图数据为基础，以多媒体技术显示地图数据的可视化产品。电子地图可以存放在硬盘、CD-ROM等数字存储介质上。电子地图可以进行交互，其内容是动态的，可以显示在计算机屏幕上，也可随时打印到纸张上。电子地图一般能进行显示、查询和多种统计分析。电子地图与数字地图的联系和区别在于：数字地图是电子地图的数据基础，电子地图是数字地图在计算机屏幕上符号化的地图。

电子地图与纸质地图相比有一系列新的特点，它的出现扩展了地图的表现领域，以丰富的色彩和灵活多变的显示方式多角度地展现与地理环境相关的各种信息，同时不再受图幅和比例尺的限制，可以在不同尺度之间进行切换，并动态调整地图内容的详略程度，以保证图面的清晰。电子地图可以与文字、图形、图表、影像、声音、动画、视频等多媒体信息有机融为一体，展现地图的空间和属性信息。

电子地图除了具有传统地图的功能以外，还可以通过一定的开发和定制，实现具有地图显示、空间查询、统计分析和绘图输出等新的功能。这些新的功能也是地理信息系统的基本功能。

2.地理信息系统

地理信息系统（Geographic Information System，GIS）是综合处理和分析地理空间数据的技术，是采集、存储、管理、分析和描述各种与地理分布有关数据的信息系统。

简单地说，地理信息系统就是一门处理地理空间数据的技术。"数据"是信息的具体表示方式，计算机存储和处理的是数据；"地理"意味着数据是参照地球的；"空间"意味着数据所表示的事物是具有一定的点位、形状、性质等特征的；"处理"是指用计算机对数据进行输入、管理、查询、分析等操作。

GIS的计算机软件系统可以按功能分为四个部分：

（1）数据采集与处理。数据是GIS的血液。数据采集与处理的目的是将现有的地图、外业观测成果、航空像片、遥感影像、文本资料等转换成GIS可以处理与接收的数字形式，使系统能够识别、管理和分析。通常要经过验证、修改、编辑等处理。

（2）数据存储与管理。数据存储与管理部分是GIS的心脏部分。GIS有一个巨大的地理空间数据库，用于存储管理GIS中的一切数据。

（3）数据查询与分析。空间查询与分析是GIS的大脑，它是GIS区别于一般事务数据库和其他一些系统的重要特征。它通过对GIS中空间数据的查询、分析和运算，提取和传输地理空间信息。

（4）数据显示与输出。将GIS中的数据经过分析、转换、处理、组织，按需向用户提供各种可视化产品(如报表、地图等),输出的产品可以在屏幕、打印机、绘图机、磁盘等上面进行显示和保存,也可以通过网络直接传递给其他用户。

大多数功能齐全的 GIS,在地理空间数据得到有效管理的基础上,可提供三大应用服务。

(1)空间信息查询。实现图形与属性的双向互查。

(2)制图。对于大多数专业领域的用户,需要在对地理空间数据查询和分析的基础上,用 GIS 制作各种专题地图,作为专业分析的成果。

(3)空间分析。空间分析是指为制定规划和决策,应用逻辑或数学模型对地理空间数据进行分析,得出分析结论。分析的结果可以用图形、文字、表格等形式进行表达。

GIS 的应用领域极为广泛,只要该领域需要使用地理空间数据,GIS 就可以得到应用和发挥作用。例如为全球变化的动态监测服务、为国家基础产业决策服务、为国防和军事服务、为各专业领域的建设服务、为企业经营和工程建设服务、为个人提供地理空间信息服务等。

依托 GIS 技术,利用数字化成果,可以建立各类专题应用系统。数据库系统是将相关信息以地理空间框架为基础统一组织和管理起来,建立数据库,并以此实现信息的采集、处理、查询、量算、分析和可视化表达等功能。影像查询系统以影像数据库为基础,根据名称、地理位置和性质等分类条件进行影像快速浏览、查询、输出、修改和更新。地理环境仿真系统在 GIS 技术与虚拟现实技术的共同支持下,以地理信息数据库为基础,结合其他诸如气象、经济、人文等多源信息,构建出使人具有"身临其境"感受的虚拟地理环境,增强了对地理位置、形状特征、组成分布、互相关联和整体关系的理解能力,提高了地理信息对科学辅助决策和评估的客观性。

五、地理信息产品制作流程

地理信息产品制作由大地测量、遥感摄影测量和地图制图等专业完成。其基本流程为:基础地理信息搜集、地图分析及坐标系统一、遥感影像处理、原图准备、DEM 生成、地物要素判绘采集、精度评估、出版编辑和数据入库(见图 2.12)。

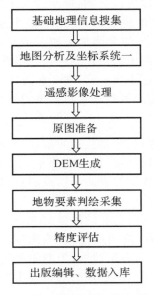

图 2.12　地理信息产品制作流程示意图

1.基础地理信息准备

地理信息产品制作需要获取的基础地理信息大致包含地理影像、测量控制成果和地图资料等内容。

2.测量控制成果的搜集

在全国范围内建立高精度的大地测量控制网,精确确定地面点的位置是大地测量工作的基本任务之一。确定地面点的位置,实质上是确定点位在某特定坐标系中的三维坐标。传统的大地测量将建立平面控制网和高程控制网分开进行,分别以地球椭球面和大地水准面为参考面确定地面点的坐标和高程,平面控制网主要利用三角测量、导线测量方式扩展,高程控制网主要采用水准测量、三角高程测量等方式扩展。以 GPS 为代表的现代测量技术的发展,提供了高精度三维同步定位技术,实现了水平控制网和高程控制网的统一。测绘工作中,常用大地坐标(B,L,H)、空间直角坐标(X,Y,Z)、投影平面坐标(x,y)和海拔高(h)表示地面点的位置,三种坐标可以实现相互转换。

测量控制网由一定精度、密度和规格的控制点构成。为保持控制网的精度均匀,提高测量工作效率,测量控制网的布设,普遍遵循了"分级布设、逐级控制"的原则,形成了依据国家制定的统一布网方案建立的具有足够精度、密度和不同等级的控制网。

随着测量技术的进步和测量控制网的扩展,世界各国结合控制测量数据平差,不断更新大地测量系统,建立和维持各自的大地坐标系,形成基于不同大地坐标系和坐标基准的控制测量数据。

国家等级测量控制成果是测量和制图的基础。在各类测量活动中,多数以国家等级控制点作为测区的首级控制开展测量工作;在制图工作中,无论采用地面测图还是摄影测量测图方法都需要一定密度的图根点或像控点作为测量控制点,这些测量控制点都以国家等级控制点为基础。

世界各国非常重视测量控制网的建立,不断利用新的测量技术扩展大地控制网,结合新的测量数据的平差,更新大地基准。以美国为例,早期的大地控制网是基于天文方法测定的 1 个或多个点上的天文经纬度和方位角建立的,使用了多个互相没有联系的独立坐标系;直至1900 年,大地控制网才实现美国本土的全面覆盖和大地坐标系的统一;空间大地测量技术出现后,通过空间大地联测才实现了本土大地控制网与波多黎各、夏威夷等海外独立大地坐标系的联测,将海外各独立大地坐标系逐步统一到 1983 北美大地坐标系,实现了 1983 北美大地坐标系控制点的全面覆盖。各个时期的测量成果在美国的测绘活动中得到了广泛应用。

3.测量控制成果的搜集方式

获取测量控制成果分为两种方式:一是实地测量;二是间接获取。

(1)实地测量。测绘人员到实地测量,得到的测量成果可靠度高,无需验证。可以通过派人实地测量或参与公路、铁路等工程测绘方式获取控制点的坐标。这种方式效率低下,受野外测量条件限制。

(2)间接获取。通过国家测绘部门已有的测量成果获取。测量控制成果作为基础测绘成果,一方面,属于国家基础地理信息,应用广泛,影响深远,需要采取必要的保密措施;另一方面,具有公益性特点,投资主体一般为各级政府;为避免重复测绘,应当在不影响国家安全的前提下,尽可能提供各部门和单位使用。测量控制成果多由国家测绘部门或国家授权的单位组织实测、成果汇编和分发。

第三章　数字正射影像制作

数字正射影像（Digital Orthophoto Map，DOM），是以航空或航天遥感影像为基础，经几何纠正消除了倾斜误差和投影误差，具有确定的、统一的比例尺并以数字形式存储的影像产品，图内不配置地图符号和注记。从遥感影像到正射影像，其制作过程是利用数字化像片、控制点数据、制图区域的 DEM，采用数字微分纠正方法等进行影像几何纠正和影像镶嵌，生成正射影像。

第一节　遥感影像预处理

星载遥感器接收并记录地面发射或反射的电磁波从而生成地物影像。电磁波穿过地球大气层，从地面到达星上传感器的这段距离上，电磁波受到大气的吸收、散射和折射、地面起伏、光照条件、地球自转、传感器自身性能等一系列因素的影响，由此形成的影像产生了几何形变和光谱损失，因此卫星拍摄的遥感影像需要通过影像处理技术进行几何和光谱纠正，从而提高影像的质量，才能够满足高精度测图和影像解译的需要。

一、遥感影像预处理方法

遥感影像采用的主要处理方法有影像复原、影像增强、多源影像融合、数字影像纠正、色彩调整和影像镶嵌等。

1. 影像复原

在二维影像中反映三维客观世界的物体必然会损失物体的真实三维信息，同时拍摄影像时受到光照条件、摄影系统不稳定等因素的影响，会导致影像质量下降。影像复原是指对影像进行技术处理，尽可能地减少或去除在获取数字影像过程中发生的影像质量下降（退化），恢复被退化影像，也称为影像恢复技术。

目前主要的影像复原方法有两种。一种方法是在缺乏影像先验知识情况的条件下，对影像退化过程（模糊和噪声）建立数学模型进行描述，进而寻找一种去除或消弱其影响的过程。另一种方法是在事先知道哪些退化因素引起的影像降质，并对原始影像有了相当的了解的前提下，建立数学模型对原始影像的退化过程进行拟合，从而达到影像复原的目的。

2. 影像增强

影像增强是指由于影像受到各种干扰信号的影响而产生退化，为了增强影像中有用信号来达到特定地物易于识别的目的，采用改变影像灰度结构关系等技术，如反差增强、滤波、代数变换、彩色变换等技术使得影像被增强。例如傍晚影像中经常存在有低反差或深阴影的区域，调整对比度后，影像像素间反差增大，影像辨识度增强，有助于人眼判别。

3. 多源影像融合

当前大多数光学对地观测卫星和航空摄影系统同时提供全色图像与多光谱图像。全色图像具有高空间分辨率，但其只有一个波段；多光谱图像具有多个光谱波段，具有较高的光谱分辨率，但空间分辨率相对较低。目前，全色/多光谱融合技术成为综合利用这两种遥感成果的主要技术，该技术通过集成全色和多光谱影像之间的空、谱互补优势，融合得到高空间分辨率多光谱影像。另外，由于人们对于遥感影像数据的全天时、全天候或者对不同温度感应的需求，为了克服单一传感器影像数据通常不能提取足够信息的缺陷，人们使用不同的传感器获取可见光、红外、微波及其他电磁波的影像数据。这些数据在空间、时间和光谱等方面对于同一区域构成多源数据。为了充分利用不同传感器影像的信息，要综合应用来自不同传感器的数据需要进行多源数据融合。遥感影像多源融合可分为三个层次：像元级、特征级和符号级。像元级融合是增加影像中有用的信息成分，以改善增强图像特定信息，如分割、特征提取等处理的效果；特征级融合是以较高的置信度来提取有用的影像特征；符号级融合允许来自多个源的信息在最高抽象层次上被有效地利用。

4. 数字影像纠正

遥感影像在拍摄过程中受到拍摄环境、地形起伏和仪器自身等影响使得影像存在几何变形。要使用遥感影像精确地测定地物坐标就需要对数字影像进行几何纠正。几何纠正尽可能改正原始影像的几何变形，重新生成一幅符合某种地图投影或图形表达要求的新影像。数字影像纠正的基本步骤有两个：一是像素坐标变换，二是像素亮度值重抽样。其过程详如图 3.1 所示，其纠正方法有直接法和间接法两类。

数字影像纠正的资料准备除了需要影像数据外，还需要该区域的地图资料、大地测量成果以及航天器轨道参数和传感器参数以及所需控制点的选择和量测等。

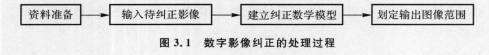

图 3.1　数字影像纠正的处理过程

5. 数字影像亮度（或灰度）值的重抽样

以间接法为例，例如输出影像阵列中的任一像素在待纠正影像中的投影点位坐标值为整数时，便可简单地将整数点位上已有亮度值赋值到输出影像。但若该投影点位的坐标计算值不为整数时，待纠正影像阵列中该非整数点位上并无现成的亮度存在，于是就必须采用适当的方法把该点位周围接近整数点位上亮度值对该点的亮度的贡献积累起来，构成该点位的新亮度值。这个过程称为数字影像亮度（或影像灰度）值的重抽样。

6. 色彩调整

由于遥感影像受到拍摄时的大气、时间、季节以及摄影技术等影响，影像在色调、亮度上存在差异。为了使单张影像和多张影像间的色彩一致，需要按照指定的颜色标准对影像进行色彩调整。

7.影像镶嵌

为了拼接多幅几何纠正好的遥感影像,生成以区域或图幅为单位的正射影像,需要进行影像镶嵌。影像镶嵌是将多张纠正好的影像按照镶嵌接边线拼接起来。镶嵌中采用平滑过渡方式消除相邻像幅间影像色调差异;采用同名影像的严格配准算法改正镶嵌的位置误差;采用内插公式对误差允许范围内的配准影像进行重采样,将航线内以及航线间的相邻正射影像拼接起来。

二、数字影像纠正方法

1.直接纠正法

直接纠正法是在确定输出影像的范围边界及其坐标系统后,通过纠正数学模型把待纠正数字影像逐个像素变换到新的影像空间中去。直接纠正法通常采用直接法和间接法,如图3.2所示。

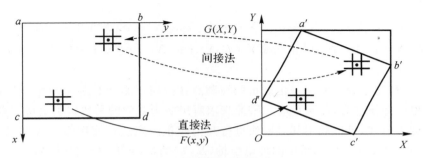

图3.2 直接法和间接法纠正

直接法是对待纠正影像阵列中的像素,按行列的顺序依次对每个待纠正像素点位求其在地面坐标系(即输出影像坐标系)中的正确位置,有

$$\left.\begin{array}{l} X = f_1(x,y) \\ Y = f_2(x,y) \end{array}\right\} \tag{3.1}$$

式中:f_1 和 f_2 为直接纠正变换函数。位置变换同时还把待纠正像素的亮度值赋值到新的输出影像中的相应像素点位,如图3.3所示。

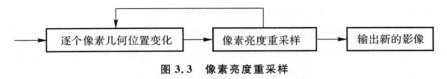

图3.3 像素亮度重采样

2.间接法纠正法

间接纠正法是从空白的输出影像阵列按行列顺序逐个对每个像素点位反求其在待纠正影像坐标系中的位置,有

$$\left.\begin{array}{l} x = g_1(X,Y) \\ y = g_2(X,Y) \end{array}\right\} \tag{3.2}$$

式中:g_1 和 g_2 为间接纠正变换函数。然后把由式(3.2)所算得的待纠正影像点位上的亮度值

赋值到空白影像点阵中相应的像素点位。

直接法和间接法本质并无差别，主要不同是首先纠正变换函数不同，互为逆变换；其次，纠正后像素赋予亮度值的过程，对于直接法是亮度重配置，间接法则是亮度重抽样。在实践中经常使用的方案是间接法。

三、常见数字影像纠正变换数学模型

1. 多项式纠正数学模型

通常遥感影像的几何变形是由多种因素引起的，其变形规律很难用严格的数学表达式来描述，可以选择一个多项式（公式3.3）来近似地描述纠正前后相应点的坐标关系，并利用控制点的影像坐标和参考坐标系中理论坐标按最小二乘原理求解出多项式中的待定系数，然后以此多项式对影像进行几何校正。

设待纠正影像上的像点坐标为(X, Y)；纠正后相应像点的坐标：(x, y)，可用述多项式来近似表示：

$$\left.\begin{array}{l} x = a_{00} + a_{10}X + a_{01}Y + a_{20}X^2 + a_{11}XY + a_{02}Y^2 + a_{30}X^3 + a_{21}X^2Y + a_{12}XY^2 + a_{03}Y^3 + \cdots \\ y = b_{00} + b_{10}X + b_{01}Y + b_{20}X^2 + b_{11}XY + b_{02}Y^2 + b_{30}X^3 + b_{21}X^2Y + b_{12}XY^2 + b_{03}Y^3 + \cdots \end{array}\right\}$$

$$(3.3)$$

式中：a_{ij}，b_{ij} 为待定系数。利用一定数量的控制点在待纠正影像和参考影像坐标系中的理论坐标可以列出一组误差方程，按最小二乘原理求解出多项式中的系数。确定待定系数后，此多项式即几何校正公式，可以利用其对影像进行几何校正。注意在使用多项式纠正时影像坐标系中的坐标(x, y)和参考坐标系中的理论坐标(X, Y)的量纲和单位应该一致。

2. 有理函数纠正数学模型

与多项式纠正类似，不考虑拍摄影像平台的参数信息，像点坐标和相应地面点的平面坐标之间可以用有理函数近似表示，所以多个有理函数拟合像点与相应地面点之间的关系。有理函数纠正数学模型见式（2.32）～式（2.34）。

3. 共线方程法纠正数学模型

采用成像模型对遥感影像进行严格或近似严格的几何校正，需要提供待纠正遥感影像的成像特性及其辅助数据（如卫星影像的星历数据、画幅式影像的焦距、框标距、控制成果等）。成像模型主要是共线方程，因此，这种方法被称为共线方程法。

共线方程法是假设构像瞬间遥感影像上像点、相应地面点和传感器镜头中心三点共线，利用控制成果，采用空间后方交会法求解出共线方程的参数，然后按照共线方程将待纠正影像校正到参考影像坐标系中。再进行共线方程改正之前需要进行大气折射改正、地球曲率改正和地形改正。由于大气折射影响，通常先使用大气折射改正公式对像点坐标进行改正再进行共线方程改正。当控制点坐标采用地面坐标系时，可以先使用地球曲率移位公式，对像点坐标进行改正，才能够满足共线条件。共线方程法理论上严密，需要引入 DEM 数据，消除外方位变化和地形起伏引起的各种影像变形。这种方法校正的几何精度较高，是遥感影像几何校正的首选方法。

$$x = -f\frac{a_1(X - X_s) + b_1(Y - Y_s) + c_1(Z - Z_s)}{a_3(X - X_s) + b_3(Y - Y_s) + c_3(Z - Z_s)} -$$

$$f\frac{a_2(X-X_s)+b_2(Y-Y_s)+c_2(Z-Z_s)}{a_3(X-X_s)+b_3(Y-Y_s)+c_3(Z-Z_s)} \tag{3.4}$$

式中：(x,y)为影像上像点在像平面坐标系中的坐标；(X,Y,Z)为对应地面点在地面坐标系中的坐标；(X_s,Y_s,Z_s)为外方位线元素(即摄站在地面坐标系中的坐标)，$a_i,b_i,c_i(i=1,2,3)$为影像在地面坐标系中的 3 个外方位角元素所确定的旋转矩阵中的 9 个元素(一般选取 a_2，a_3，b_3 作为其中的 3 个独立元素，其余 6 个元素可用 a_2,a_3,b_3 表示)。

不同类型的传感器获取影像的几何特性是不一样的，导致不同几何类型影像的共线方程形式有所不同。其中：画幅式影像为面中心投影影像，整幅影像对应于一个共线方程表达式；线阵推扫影像为行中心投影影像，在飞行方向上的每个扫描行都对应于一个共线方程表达式；横迹扫描影像为点中心投影影像，影像上的每个像素都对应于一个共线方程表达式。

由此可见，不同几何类型影像的严格几何校正在具体解算方法上存在很大差异。一般地，画幅式影像和线阵推扫影像在辅助数据齐全的情况下可按共线方程法进行严格几何校正，而横迹扫描影像通常采用近似几何校正法。

第二节　数字正射影像制作

Geomatica 软件由加拿大 PCI 公司开发，作为图像处理软件系统的先驱，拥有完整的软件模块、丰富的数据支持、广泛的软硬件适应性以及灵活的扩展编程能力，可用于遥感图像处理、地理信息系统分析、摄影测量和制图输出等用途。

Geomatica Focus 模块具有很好的交互式功能，能够更方便地查看和操作数据库。其中缩放和全图浏览窗口、漫游、缩放、创建命名区域这些功能会使工作快速有效，提供的可视化工具允许在多种方式下查看和比较不同时期、不同卫星的多波段影像，同时提供了许多处理栅格影像数据的工具，如影像增强、ESRI 建模等。除了支持栅格影像数据外，Geomatica Focus 还为矢量数据的收集和分析提供了各种各样的工具。对栅格数据和矢量数据的全面支持，可以为地理空间数据处理提供范围极大的应用空间。

OrthoEngine 模块主要包括工程设置、DEM 操作、3D 特征提取、正射校正、影像镶嵌等功能。可以对航片和卫片进行控制点输入、同名点采集，提供多种数学模型用于影像的几何校正；可以从立体像对中提取 DEM 并对其进行编码，也可以从等高线数据中生成栅格 DEM；可以将几个任意形状的航空或者卫星影像拼合到一起，形成一幅更大的经过辐射均衡化的航空或卫星影像。本节将介绍使用 Geomatica 软件制作数字正射影像产品的方法和具体步骤。

一、作业数据准备

作业数据准备主要是原始数据、控制数据(野外控制点、基准影像、DEM 数据等)、其他相关资料的准备和检查。

1.原始数据的准备和检查

(1)影像级别；

(2)影像数据文件的完整性；

(3)影像是否覆盖整个作业任务范围；

(4)影像云量检查与统计；

(5)影像的色彩、反差及饱和度;

(6)雷达影像入射角统计;

(7)影像现势性。

2.控制资料的准备和检查

(1)控制点测量成果;

(2)测区 DEM 数据;

(3)测区内其他可供参考的控制资料(如数字地形图、栅格图等)。

3.纠正模型选择

数学模型主要根据影像类别、影像级别、控制资料和具体任务要求选择。下面介绍光学卫星模型、雷达卫星模型和多项式模型的选择依据。Geomatica 软件纠正模型选择见表 3.1。

表 3.1　Geomatica 软件纠正模型选择

数据类型	工程方法	对应设置
标准航片和数码相机像片	航空影像	相机校准数据、航带重叠像片、采集基准点(空中三角测量)确定所有像片的外方位元素
ASTER,SPOT－1～5 ERS,JERS1 IKONOS,LANDSAT IRS,RADASAT QuickBird 等	卫星轨道模型	严格物理模型:Toutin 提出 3D 物理模型,以共线方程为基础。 假定卫星运行轨道满足轨道摄动方程,用轨道参数的函数表示影像外方位线元素,用多项式拟合影像外方位角元素
IKONOS QuickBird 等	有理函数模型	经验模型:将地面点坐标(X, Y, Z)与像点坐标(m, n)列行坐标用比值多项式关联。为增强参数求解的稳定性,对方程正则化到$[-1, 1]$之间。用纯数学模型对严格物理模型进行拟合
所有类型	多项式或小样条插值	经验模型:多项式或者样条阶数不超过 3,更高阶不能提高影像精度,反而由于过参数化降低影像精度。应用于影像畸变较小且较为简单的情况(垂直下视影像、覆盖范围较小、地势平坦的影像)
任何地理相关影像	镶嵌	不具备地理编码的能力。地理编码是将地名的详细地址以地理坐标表示的过程,地址信息映射为地理坐标

(1)光学卫星模型选择。

1)严格轨道模型:用于纠正具有严格轨道参数的光学卫星影像数据,如 WorldView、SPOT－1～5 等国外光学商业卫星影像。可进行区域网平差,正射纠正需要 DEM。

2)有理函数模型(基于影像):用于纠正附带 ＊.RPC 参数信息的光学卫星影像数据,如

"资源""高分"系列等 L1B 级数据。可以进行区域网平差,正射纠正需要 DEM。

3)有理函数模型(基于控制点):用于纠正无 RPC 参数影像数据。不可进行区域网平差,正射纠正需要 DEM。

具体选项如图 3.4 所示。

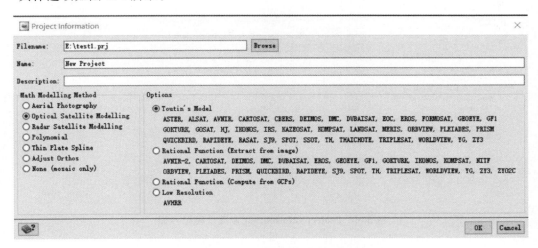

图 3.4　Project Information 光学卫星模型界面

(2)雷达卫星模型选择。

1)严格轨道模型:用于纠正具有严格轨道参数的雷达卫星影像数据,如 TerraSAR、RADSAT 等国外雷达商业卫星影像。可进行区域网平差,正射纠正需要 DEM。

2)雷达专有模型:用于纠正 TerraSAR - X 等软件指定的雷达卫星影像数据,不可进行区域网平差,正射纠正需要 DEM。

3)有理函数模型(基于影像):同光学卫星有理函数模型。

具体选项如图 3.5 所示。

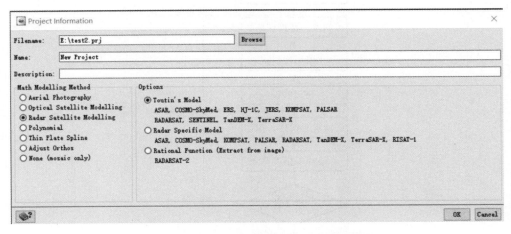

图 3.5　Project Information 雷达卫星模型界面

(3)多项式模型选择。多项式模型一般适用于不包含参数信息的影像,解算时必须有控制点,最少控制点数量由多项式系数决定,实际作业中多项式系数一般不超过3次。多项式模型不可进行区域网平差,几何纠正不能加入 DEM。

具体选项如图 3.6 所示。

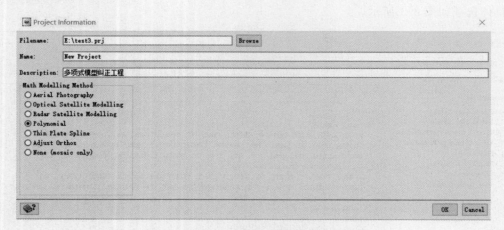

图 3.6 Project Information 多项式模型界面

二、作业流程

正射纠正流程图如图 3.7 所示。

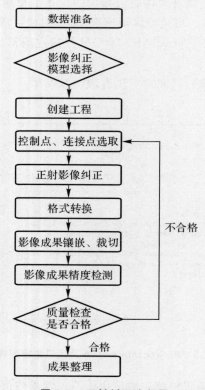

图 3.7 正射纠正流程图

1. 建立工程

（1）在 Geomatica 2012 主界面中，点击"OrthoEngine"图标，如图 3.8 所示。

图 3.8　Geomation 2012 主界面

（2）在 OrthoEngin 界面中，点击 File 工具栏，如图 3.9 所示。

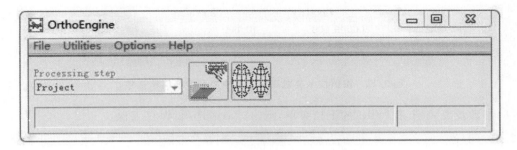

图 3.9　OrthoEngin 界面

（3）在"File"的下拉菜单，点击"New"选项。

（4）选择纠正模型。

（5）设置工程参数。根据技术设计或任务要求设置工程参数，包括投影信息、输出分辨率、控制数据的投影方式、中央经线、东偏公里数等。如控制点或参考影像的投影方式和输出影像一致，可直接点击"Set GCP Projection based on Output Projection"按钮进行设置。具体如图 3.10 所示，按照技术要求正确设置中央经线和偏移参数，如图 3.11 所示。

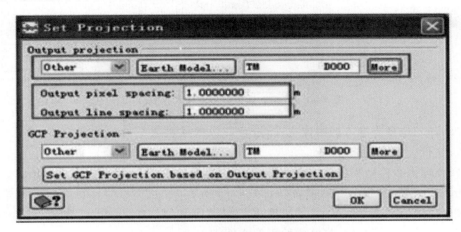

图 3.10　按照技术要求正确设置工程参数

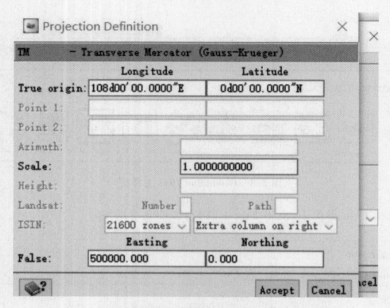

图 3.11 按照技术要求正确设置中央经线和偏移参数

(6)参数设置完毕,在"File"的下拉菜单,点击"Save"选项,保存工程。

2.导入影像

(1)点击"Processing step"下拉列表,选择"Data Input"选项。

(2)根据建立的模型不同,影像导入方式也不同,方法如下:

1)选择严格轨道模型时影像导入界面如图 3.12 所示,点击"Read CD - ROM data"按钮,在"CD Format"下拉列表选择要导入的影像类型,如 WorldView、SPOT 等类型。

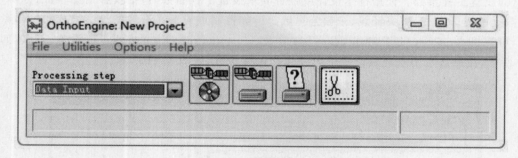

图 3.12 严格轨道模型影像导入界面(1)

点击"Select"选择要导入的影像文件,全色影像选择通道 1,命名输出文件,点击"Read",输出 *.pix 文件。如图 3.13 所示。

2)选择有理函数模型和多项式模型,影像导入界面如图 3.14 所示。点击"Open a new or existing image"按钮,弹出打开影像窗口如图 3.15 所示,点击"New Image",打开原始影像文件。也可以点击"Processing step"下拉列表,选择"GCP/TP Collection"选项,点击"Open a new or existing image""按钮,打开原始影像文件。

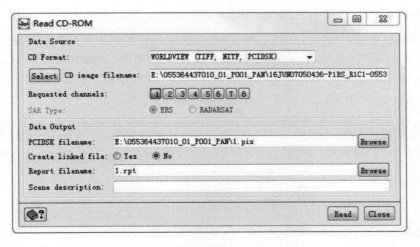

图 3.13　严格轨道模型影像导入界面(2)

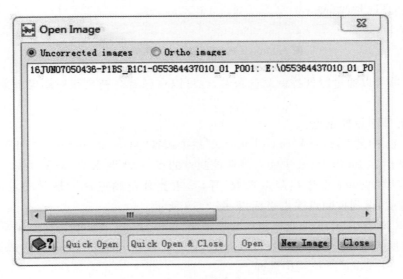

图 3.14　有理函数模型影像导入界面

图 3.15　打开影像界面

3.控制点选取

控制点选取是正射影像作业的核心部分,选点精度直接影响最终成果的质量。

在"OrthoEngine"主界面,点击"Processing step"下拉菜单,选择"GCP/TP Collection"选项,如图 3.16 所示。然后在"GCP/TP Collection"界面窗口,点击"Collect GCPs Manually"选项,打开"Open image"和"GCP Collection"窗口,如图 3.17 所示。

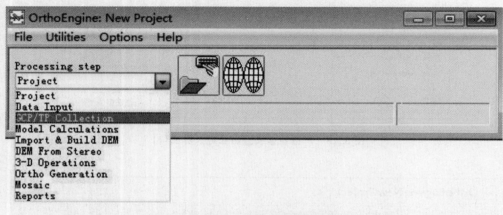

图 3.16 "Processing setp"下拉菜单面板

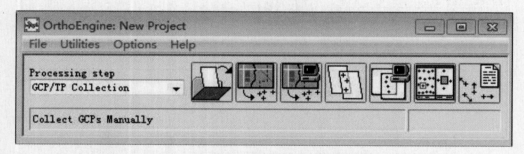

图 3.17 GCP/TP Collection 菜单面板

控制点坐标可以通过野外控制测量获取,也可以在已有高精度正射影像成果(基准影像)上直接量取。

(1)转刺野外测量控制点。

1)在图 3.18 中的"Ground control source"栏中选择"Manual entry",在 DEM 栏中加入数字高程模型,然后在 Point ID 栏中输入外业控制点的点号,高斯 X 坐标、Y 坐标和正常高。

2)在打开的"Viewer 影像控制点选取"界面,根据外业刺点片调整对应点位位置,点击"Use Point"选项,得到控制点像点坐标,如图 3.19 所示。

3)返回"GCP Collection 外业控制点数据采集"窗口,点击"Accept"选项。

4)转刺完所有控制点后,在"GCP Collection"面板中,勾选"compute model"选项,在"RPC adjustment order"下拉栏中选择 2。

(2)转刺基准影像上控制点。

1)在"Open image"窗口选中要加载控制点的影像,点击"Open"打开。

图 3.18 外业控制点数据采集界面

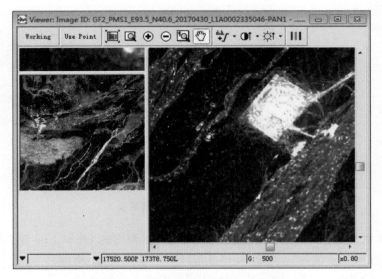

图 3.19 Viewer 影像控制点选取界面

2)在"GCP Collection"窗口中的"Ground control source"栏选择"Geocoded image"在"Filename"栏下点击"Browse"导入并打开基准数据;参考影像加载界面如图 3.20 所示。

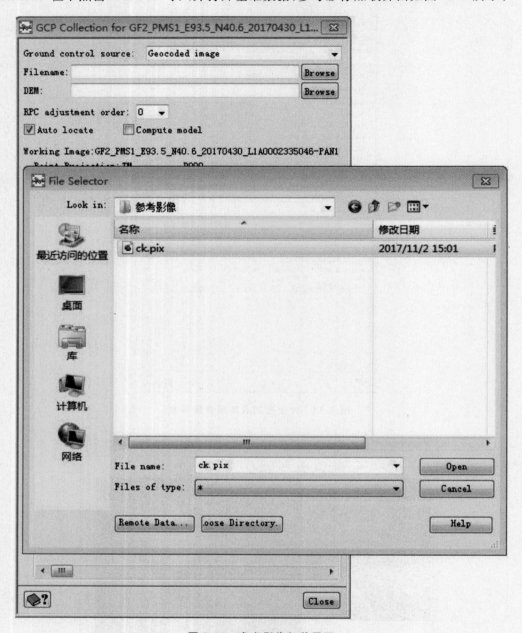

图 3.20 参考影像加载界面

3)在 DEM 栏点击"Browse"导入数字高程模型,在弹出的 DEM File 窗口的"Background elevation"栏中输入无效值为"—9999",并点击"OK",如图 3.21 所示。

4)在"GCP Collection"窗口中的"Point ID"栏中输入控制点的点号。

5)分别在已打开的"viewer"参考影像和原始影像界面中选取可以准确识别的同一地物点,并分别点击"Use Point"选项,如图 3.22 所示。

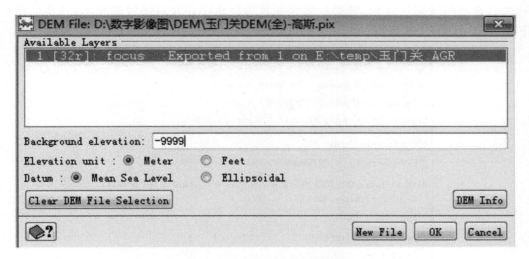

图 3.21　DEM 参数设置界面

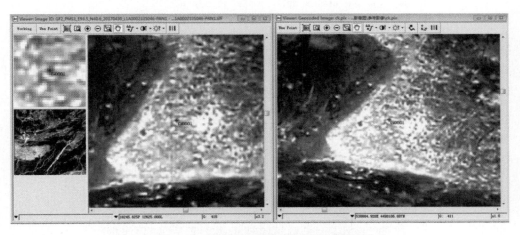

图 3.22　基于参考影像选取控制点界面

6）返回"GCP Collection"界面，在"RPC adjustment order"下拉菜单中选择 2 次计算，并勾选"Compute model"，确定点位选择无误后，点击"Extract Elevation"选项提取高程值，然后点击"Accept"选项完成一个控制点选取。重复此步骤，直到按照 3×3 均匀布点的原则完成该景影像所有控制点的选取，保存工程；基于参考影像控制点数据确认界面如图 3.23 所示。

7）打开与第一景接边的原始影像（例如影像 2），如图 3.24 所示，在影像 1 中选中两景影像间公共区域内的控制点，在影像 2 中找到相应位置点击"Use Point"，完成公共控制点的转刺。然后按照 3×3 均匀布点的原则完成该景影像其余控制点的选取。重复此步骤直至完成所有原始影像中控制点的选取。

8）关闭"GCP Collection"和"Viewer"界面，返回"OrthoEngine"窗口，点击"Save"保存工程。

4. 连接点选取

选用严格轨道模型和有理函数模型（基于影像）进行区域网平差时，需要在工程中有重叠

区的原始影像间转刺连接点,转刺原则参照技术要求中连接点的转刺要求,具体操作步骤
如下:

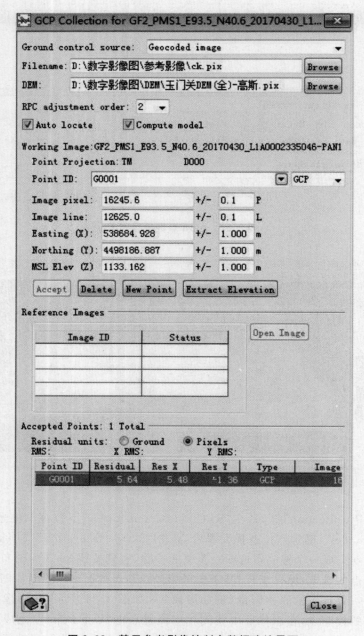

图 3.23 基于参考影像控制点数据确认界面

(1)在"OrthoEngine"主界面,选择"Processing step"下拉菜单中的"GCP/TP Collection"
选项,然后选择"Tie Point Collection",打开连接点采集窗口。"Open Image"和"Tie Point
Collection"菜单面板,如图 3.25 所示。

(2)选中需要采集连接点的两景相邻影像(例如影像 1 和影像 2),点击"Open"选项,打开

"Viewer"影像窗口,如图 3.26 所示。

图 3.24　相邻影像间公共控制点的转刺

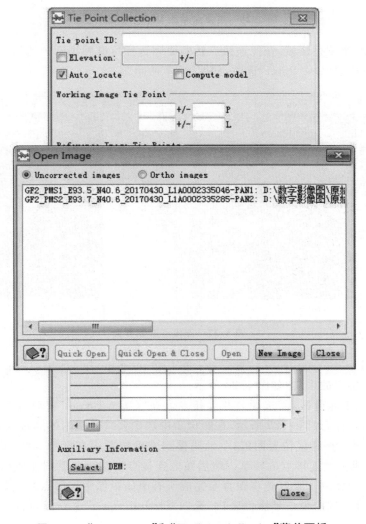

图 3.25　"Open Image"和"Tie Point Collection"菜单面板

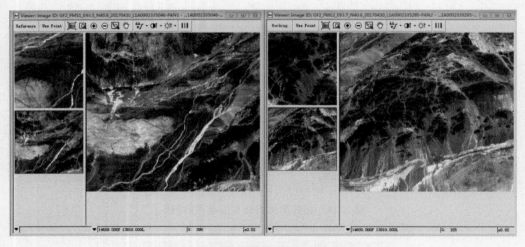

图 3.26　连接点采集 Viewer 影像界面

（3）在两幅影像重叠区域，按照连接点转刺原则选择可准确识别的地物，精确调整位置后，分别点击两幅影像的"Use Point"选项，如图 3.27 所示。

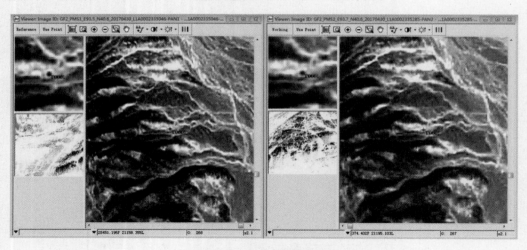

图 3.27　连接点选取界面

（4）返回"Tie Point Collection"窗口，勾选"Compute model"选项，点击"Accept"确认，完成两幅影像间连接点的采集，如图 3.28 所示。

（5）在三景以上重叠区，需选择公共连接点。在"Open Image"窗口选中要加载选择重叠区中第三景原始影像，如图 3.29 所示，在影像 1 中选中公共区域内的连接点，在影像 2 和影像 3 中将自动计算跳转至相应位置附近，手动调整到准确位置后在影像 3 的"View"界面中点击"Use Point"，完成公共连接点的转刺。然后按照连接点转刺布点原则完成该景影像与其他影像重叠区连接点的转刺。重复此步骤直至完成所有原始影像中连接点的选取。

（6）关闭连接点选取窗口和影像窗口，返回"OrthoEngine"主界面，点击"Save"选项，保存工程。

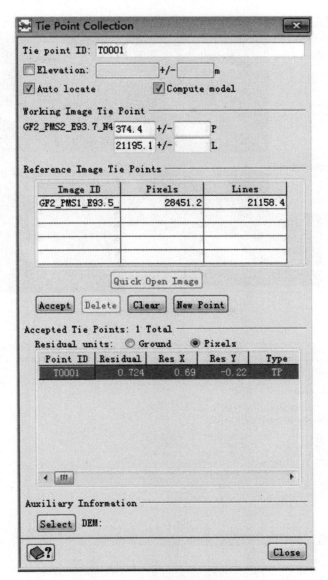

图 3.28　连接点数据确认界面

5. 控制点与连接点检查编辑

控制点与连接点采集完毕后,需对整个工程的 GCP 和 TP 的精度和分布进行检查,必要时进行编辑调整。

(1)在"OrthoEngine"主界面,在"Processing step"下拉菜单中选择"GCP/TP Collection"选项,然后选择"Residual report",打开"Residual Errors"窗口,如图 3.30 所示

(2)查看所有控制点和连接点的残差和工程整体残差,对残差较大的点可点击"Edit Point"选项打开影像界面进行查看和编辑。

(3)返回"OrthoEngine"窗口,点击"Save"选项保存工程。

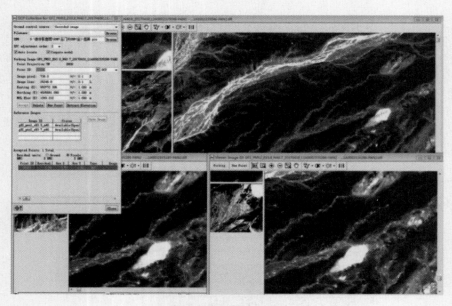

图 3.29　公共连接点的转刺

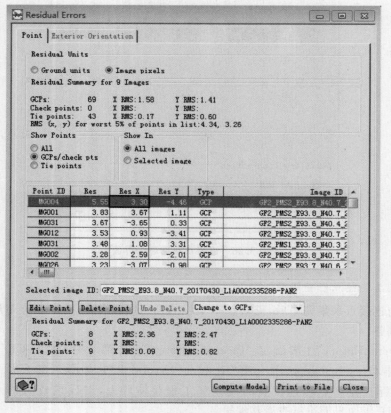

图 3.30　"Residual Errors"窗口界面

6. 正射影像纠正

(1)在"OrthoEngine"窗口,在"Processing step"下拉菜单中选择"Ortho Generation"选项,如图 3.31 所示。

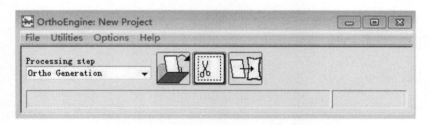

图 3.31　"Ortho Generation"菜单面板

(2)在"Ortho Generation"菜单面板中点击"Schedule Ortho Generation"选项,打开"Ortho Image Production"窗口,如图 3.32 所示。

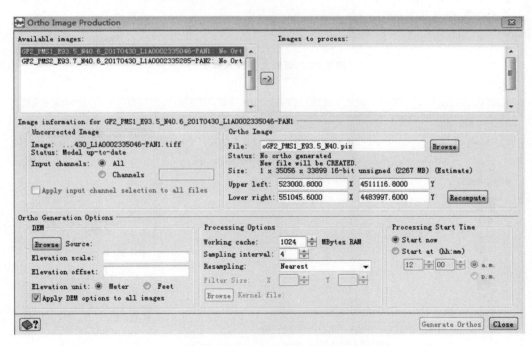

图 3.32　"Ortho Image Production"窗口界面

(3)在"Available image"栏中选择待纠正影像文件,点击右箭头选项,将影像文件导入"Image to process"栏中,如图 3.33 所示。

(4)选中"Image to process"栏中第一个影像文件,在"Ortho Image"栏点击"Browse"选项,打开纠正后影像的输出路径界面,选择存放路径并对输出文件命名,点击"Save"保存,按照此步骤依次对所有输出影像进行设置,如图 3.34 所示。

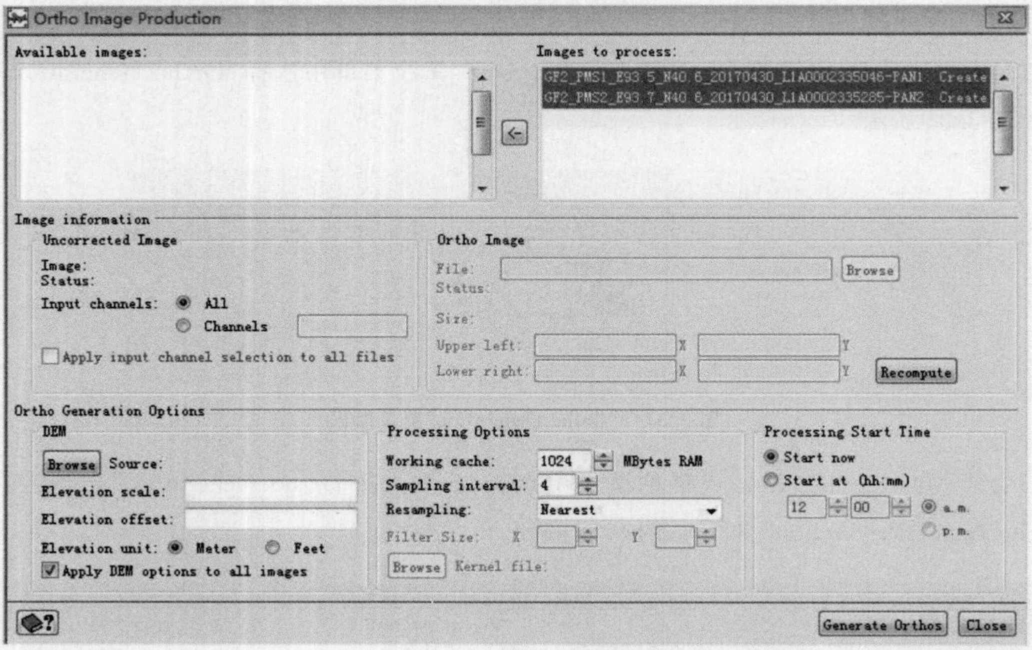

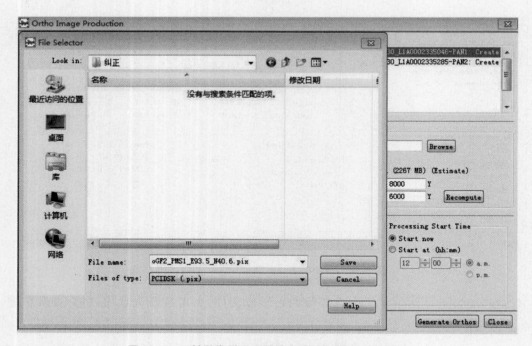

图 3.33　影像文件导入界面

图 3.34　正射影像纠正文件输出路径和命名保存界面

　　(5)在图 3.35 所示的"Ortho Image Production"窗口,点击 DEM 栏中的"Browse"选项,打开"File Selector"界面,选择该测区的 DEM 数据,点击"Open"选项。

(6)在弹出的"DEM File"窗口中的"Background elevation"栏中输入"－9999",点击"OK"完成对 DEM 无效值的设置,如图 3.36 所示。

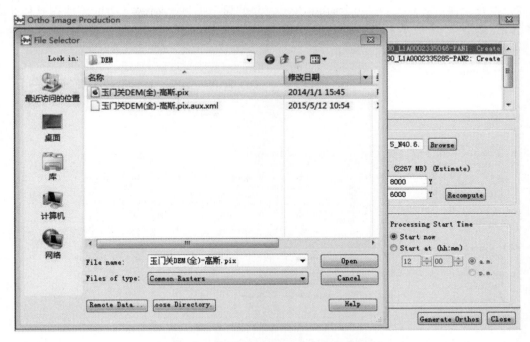

图 3.35　正射影像纠正 DEM 数据加载界面

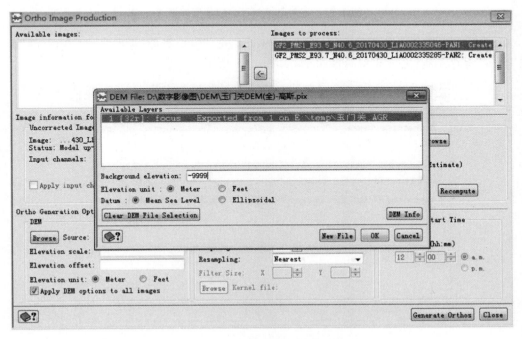

图 3.36　DEM 参数设置界面

（7）返回图 3.37 所示的"Ortho Image Production"窗口，在"Processing Options"栏中的"Resampling"一项中选择"Cubic"，其他参数保持默认设置。

（8）检查无误后，点击"Ortho Image Production"窗口的"Generate Orthos"选项开始正射影像纠正，如图 3.37 所示。

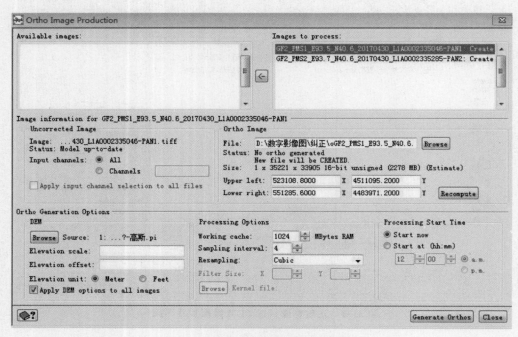

图 3.37　正射影像纠正参数设置界面

（9）整个进程结束后，关闭"Ortho Image Production"窗口界面，返回"OrthoEngine"窗口，点击"Save"保存工程，完成正射影像纠正，如图 3.38 所示。

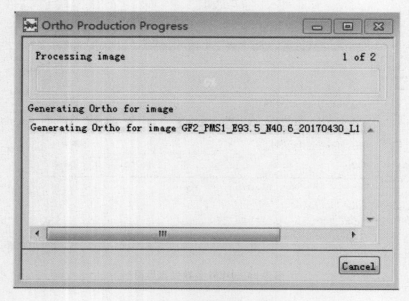

图 3.38　正射影像纠正过程界面

7.格式转换

纠正后的影像成果通常为 pix 格式,影像调色前首先需将影像成果转换为 tif 格式。

(1)打开"Focus"窗口,导入正射纠正后生成的 pix 格式影像文件,如图 3.39 所示。

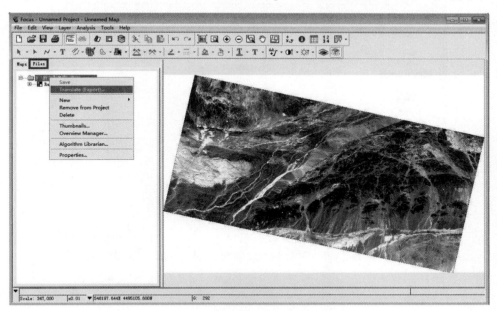

图 3.39　Focus 加载影像文件界面

(2)在图 3.39 所示的 Focus 窗口中点击"Files"选项,右键点击文件路径,选择"Translate (Export...)"选项,打开"Translate(Export)Files"窗口,如图 3.40 所示。

图 3.40　"Translate(Export)Files"窗口界面

（3）在打开的"Translate(Export)Files"窗口中,点击"Destination file"栏的"Browse…"选项,选择存放路径并对输出文件命名,点击"Save"保存,如图3.41所示。

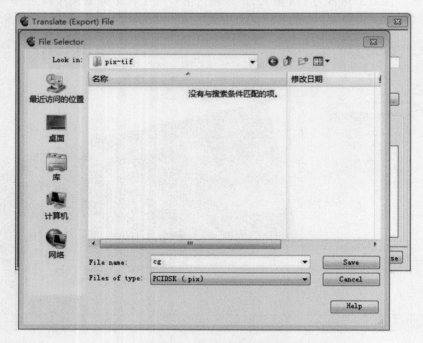

图3.41 转换文件路径和命名设置界面

（4）返回图3.40所示的"Translate(Export)Files"窗口,点击"Output format"下拉菜单的"TIF:TIFF6.0"选项,并在Options栏中输入"world"字符,选中"View"栏中的文件选项,并点击"Add"选项,将文件导入"Destination Layers"栏,如图3.42所示。

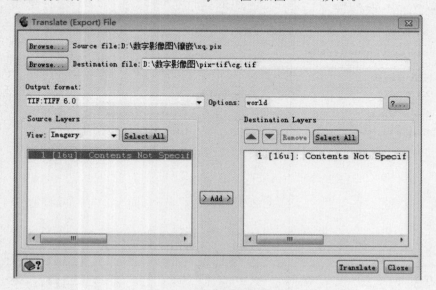

图3.42 格式转换设置界面

（5）点击图 3.42 所示"Translate(Export)Files"窗口中的"Translate"选项,开始格式转换进程,如图 3.43 所示。

图 3.43　格式转换进程界面

（6）关闭"Translate(Export)Files"窗口,在设置的存储路径查看转换后的 * . tif 文件和 * . tfw 文件,完成影像文件的格式转换,如图 3.44 所示。

图 3.44　转换后文件查看界面

8.影像调色和降位

影像调色的主要目的主要是确定成果的基本色调,通常利用 Photoshop 软件色阶工具进行调色。

(1)打开"Adobe PhotoShop"软件,导入格式转换后的 tif 格式影像文件,如图 3.45 所示。

图 3.45　Adobe PhotoShop 软件导入 tif 影像界面

(2)使用"Ctrl+L"快捷键打开色阶调整窗口,按住键盘"Alt"键,拖动输入色阶栏中左、右滑块,避免曝光的同时,使得直方图尽量靠近正态分布,然后调整中间滑块,调整影像的亮度。如图 3.46 所示。

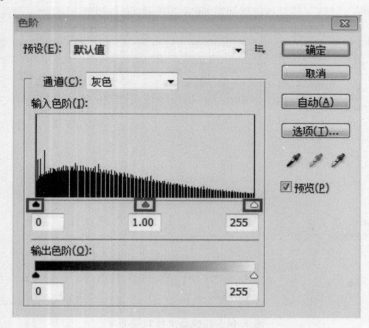

图 3.46　色阶调整界面

（3）输出色阶调整为 1~255（对于雷达影像，该步骤可解决影像有效区域出现的 0 值问题），如图 3.47 所示。

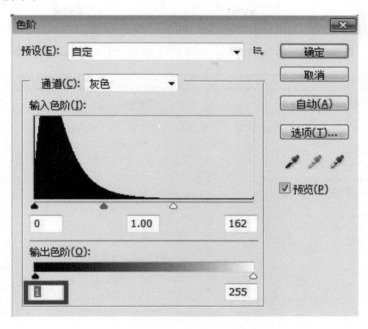

图 3.47　色阶调整界面

（4）完成色阶的调整后，点击"Adobe PhotoShop"软件中图像→模式，按照任务需求选择正确的位深，如图 3.48 所示。

图 3.48　影像位深选择界面

（5）完成上述步骤后，点击"Adobe PhotoShop"软件文件下拉菜单的存储选项，保存影像文件。

9.影像镶嵌

（1）在"Geomatica 2012"主界面中，点击"OrthoEngine"图标打开窗口，点击"File"下拉菜单的"New"选项，打开"Project Information"窗口，选择存放路径并对输出文件命名，在"Math Modelling Method"栏中选择"None(mosaic only)"选项，点击"OK"选项，如图3.49所示。

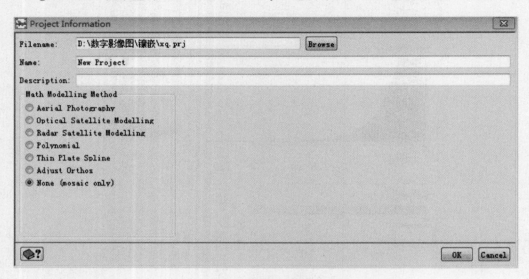

图3.49　镶嵌工程建立界面

按照建立纠正工程时的参数依次对投影方式、分辨率和中央经线进行设置，完成镶嵌工程的建立，点击"OrthoEngine"窗口"File"下拉菜单的"Save"选项保存工程。

在"OrthoEngine"窗口，点击"Processing step"下拉菜单中的"Image Input"选项，打开镶嵌文件导入面板，如图3.50所示。

图3.50　镶嵌文件导入面板

点击图3.50中的"Open a new or existing image"图标，打开"Open Image"窗口，如图3.51所示。

在打开的"Open Image"窗口，点击"New Image"选项，打开"File Selector"窗口，选中调色后的影像文件并点击"Open"选项，如图3.52所示。

在弹出的"Multiple File selection"窗口选择"OK"选项，完成数据导入，如图3.53所示。

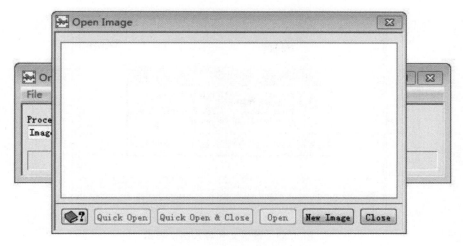

图 3.51　文件导入界面

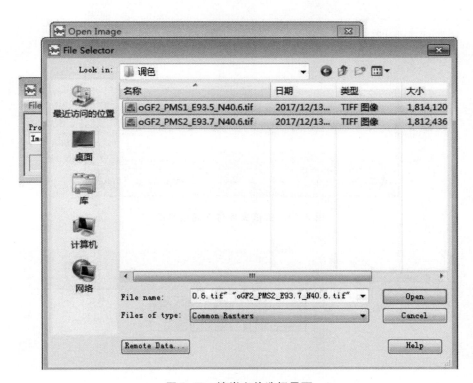

图 3.52　镶嵌文件选择界面

　　点击"Open Image"窗口的"Close"选项关闭页面,如图 3.54 所示。

　　(2)返回图 3.50 所示的"OrthoEngine"窗口,点击"Processing step"下拉菜单中的"Mosaic"选项,打开"Mosaic"工具窗口面板,如图 3.55 所示。

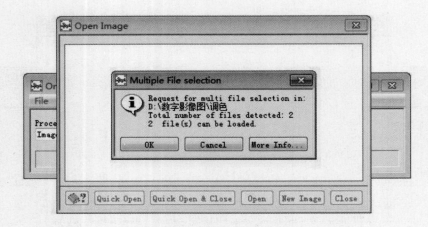

图 3.53　镶嵌文件导入确认界面

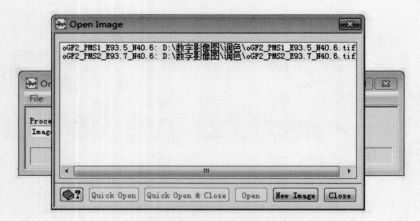

图 3.54　镶嵌文件导入完成界面

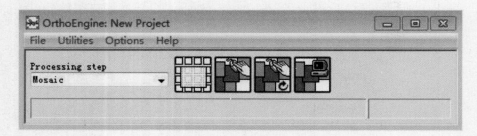

图 3.55　"Mosaic"工具面板

　　在打开的"Mosaic"工具面板窗口中,点击"Define mosaic area"图标,打开"Define Mosaic"窗口,如图 3.56 所示。

　　在"Define Mosaic"窗口中点击"File"栏后的"Browse…"选项,打开镶嵌文件输出路径设置窗口,如图 3.57 所示。

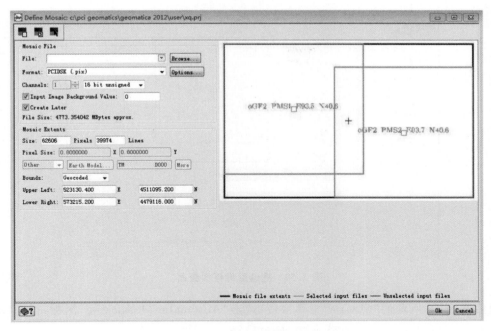

图 3.56　"Define Mosaic"窗口

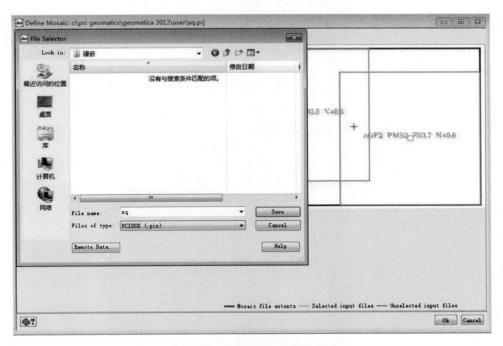

图 3.57　镶嵌文件输出设置界面

　　选择存放路径并对输出文件命名,点击窗口的"Save"选项进行保存。返回图 3.56 的"Define Mosaic"窗口,点击"select images to mosaicked"图标,如图 3.58 所示,对右侧窗口中的影像框图进行框选,其他参数为默认设置,然后点击"OK"选项。

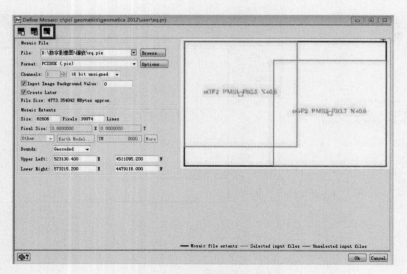

图 3.58　框选影像框图界面

　　返回图 3.58 所示的"Mosaic"工具窗口,点击"Automatic Mosaicking"图标,打开"Automatic Mosaicking"窗口界面,如图 3.59 所示。

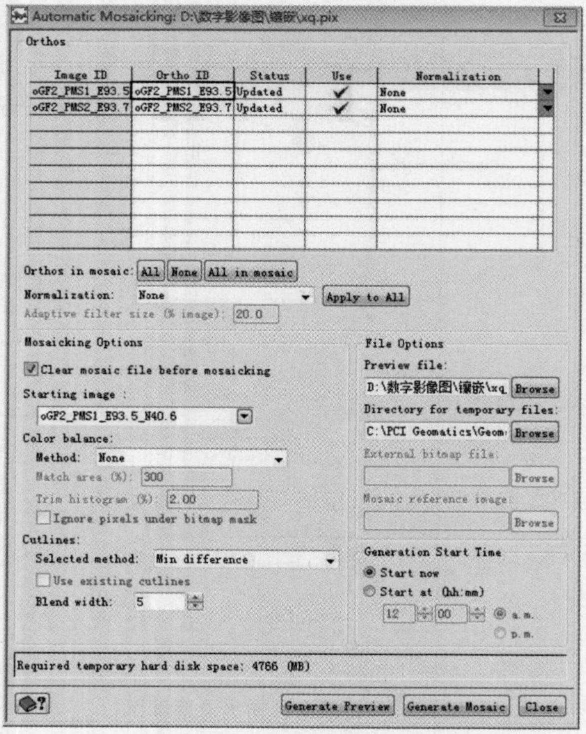

图 3.59　"Automatic Mosaicking"窗口界面

　　在"Automatic mosaicking"窗口点击"Color balance"栏的"Method"下拉菜单,选择

"Overlap area"选项,其他为默认设置,然后点击窗口的"Generate Preview"选项,如图 3.60 所示。

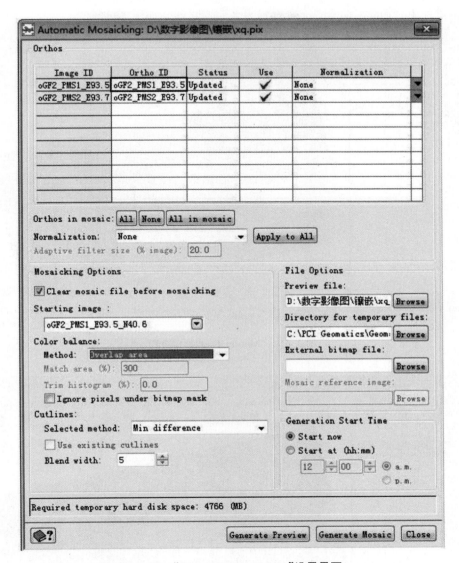

图 3.60 "Automatic Mosaicking"设置界面

关闭弹出的镶嵌预览窗口以及"Automatic mosaicking"窗口,返回图 3.58 所示的"Mosaic"工具窗口,点击"Manual mosaicking"图标,打开"Mosaic Tool"窗口进行镶嵌线的人工编辑,如图 3.61 所示。

(3)在图 3.61 所示的"Mosaic Tool"窗口点击"Vector Editing Tools"图标,打开镶嵌线编辑工具栏,并选中需要人工编辑的镶嵌线,如图 3.62 所示。

在"Vector Editing Tools"栏中,选择"reshape"图标,按照镶嵌原则对选中的镶嵌线进行人工编辑,如图 3.63 所示。

编辑完成后,关闭"Vector Editing Tools"窗口和"Mosaic Tool"窗口,返回图 3.58 所示的

"Mosaic"工具窗口,点击"Automatic Mosaicking"图标,打开"Automatic Mosaicking"窗口界面,点击"Color balance"栏的"Method"下拉菜单,选择"Overlap area"选项,并勾选"Use existing cutlines"选项,"Blend width"一般设置为5~15之间。如图3.64所示。

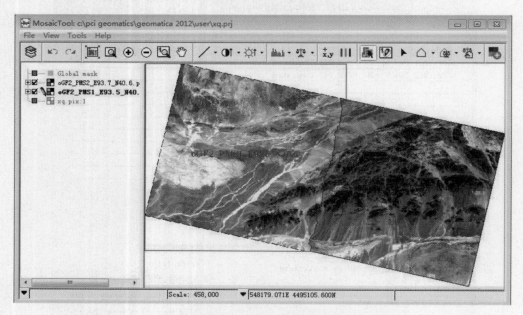

图 3.61　"Mosaic Tool"窗口界面

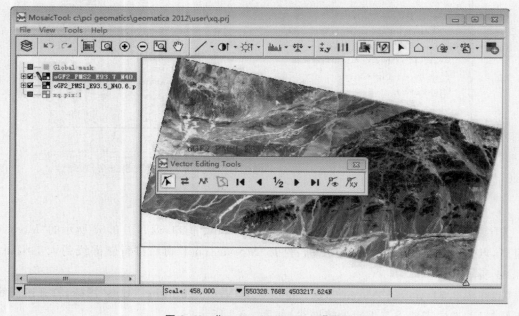

图 3.62　"Vector Editing Tools"界面

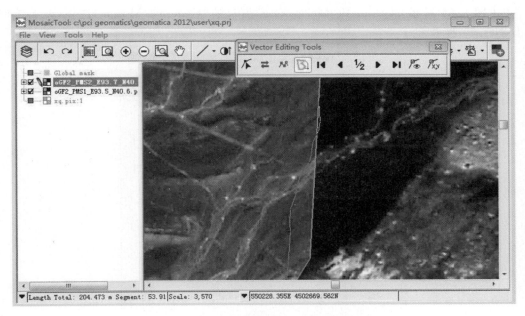

图 3.63 镶嵌线人工编辑界面

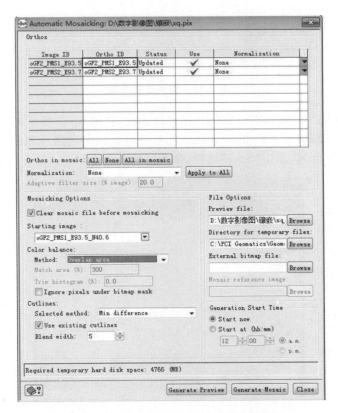

图 3.64 "Automatic Mosaicking"设置界面

点击图 3.64 所示"Automatic Mosaicking"窗口的"Generate Mosaic"选项,开始镶嵌进程,如图 3.65 所示。

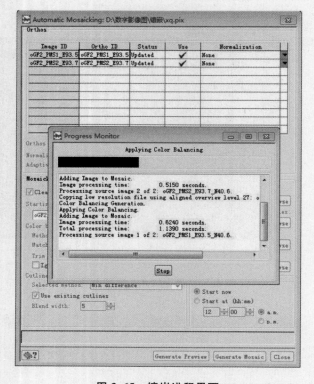

图 3.65 镶嵌进程界面

镶嵌完成后,关闭"Automatic Mosaicking"对话框,在图 3.65 所示的"OrthoEngine"窗口依次点击"Options→Export→Vector cutlines",打开镶嵌线输出路径和命名设置界面,选择存放路径并对输出文件命名,点击"Save"选项,如图 3.66 所示。

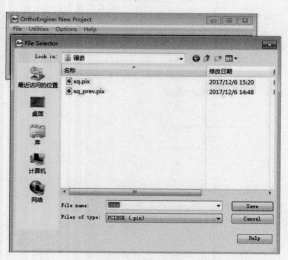

图 3.66 镶嵌线路径和命名设置界面

（4）在弹出对话框中选择"Yes"选项确认生成镶嵌线，如图 3.67 所示。

图 3.67 镶嵌线生成确认界面

在打开的窗口选中"1［Cutline］：Mosaic Cutline：ImageSource"选项，点击"Save & Close"选项，导出镶嵌线文件，如图 3.68 所示。

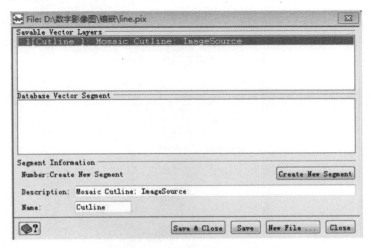

图 3.68 导出镶嵌线界面

10.影像裁切

（1）打开"Focus"窗口，导入镶嵌后生成的影像文件，如图 3.69 所示。

图 3.69 Focus 加载影像文件界面

在"Focus"窗口菜单栏依次点击"Tools"→"Clipping/Subsetting"选项,打开"Clipping/Subsetting"窗口界面。裁切窗口打开路径界面如图 3.70 所示,"Clipping/Subsetting"窗口界面如图 3.71 所示。

图 3.70　裁切窗口打开路径界面

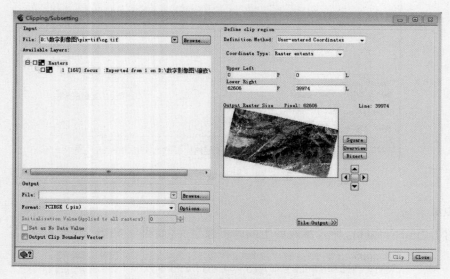

图 3.71　"Clipping/Subsetting"窗口界面

（2）在打开的"Clipping/Subsetting"窗口中,点击"Output"栏"Browse…"选项,打开输出路径设置界面,选择存放路径并对输出文件命名,在"Files of type"下拉菜单选择 TIFF6.0(. tif)选项,点击"Save"保存,如图 3.72 所示。

返回图 3.71 所示的"Clipping/Subsetting"窗口,点击"Format"栏后的"Options"选项,打开"GDB Options Editor"窗口,勾选"World"选项,点击"OK"保存,如图 3.73 所示。

进行裁切时通常有两种方式:按高斯坐标或地理坐标裁切和利用文件裁切。

1)按坐标范围裁切。在图 3.71 所示的"Clipping/Subsetting"窗口中,"Definition Method"一栏中选择"User-entered Coordinates"选项, "Coordinate Type"一栏选择"Geocoded ex-

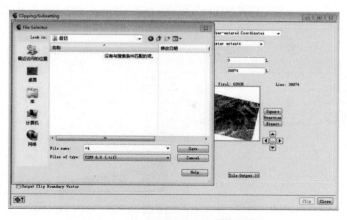

图 3.72 文件输出设置界面

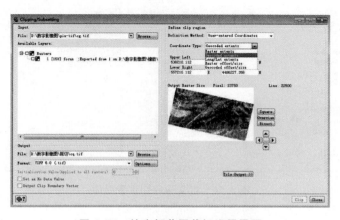

图 3.73 "GDB Options Editor"设置界面

tents"选项,输入计算好的左上和右下角点高斯坐标(选择"Long/Lat extents"选项输入计算好的左上和右下角点地理坐标),如图 3.74 所示。

图 3.74 按坐标范围裁切设置界面

勾选"Available layers"中的"Rasters"选项,点击"Clip"选项进行影像裁切,如图 3.75 所示。

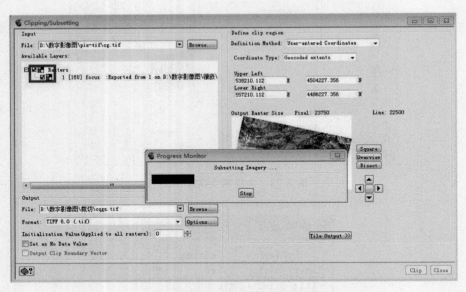

图 3.75　按高斯坐标范围裁切界面

2)利用文件裁切。在图 3.71 所示的"Clipping/Subsetting"窗口中,"Definition Method" 一栏中选择"Select a File"选项,点击"File"栏后的"Browse…"选项,选择已有的成果文件。如 图 3.76 所示。

图 3.76　按文件裁切设置界面

勾选"Available layers"中的"Rasters"选项,点击"Clip"选项进行影像裁切,如图 3.77

所示。

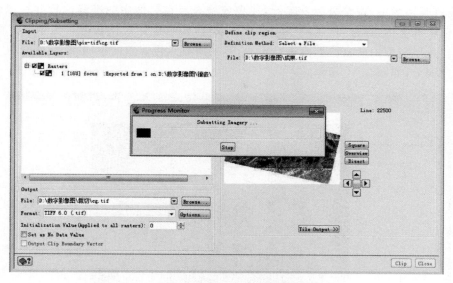

图 3.77　按文件裁切界面

打开设置的文件输出路径,查看裁切成果,如图 3.78 所示。

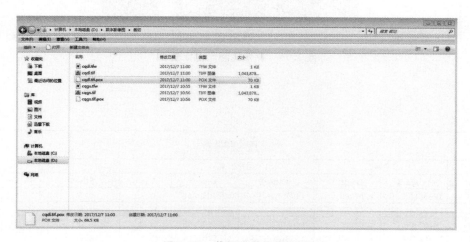

图 3.78　裁切成果查看界面

第三节　影像成果精度检测

一、基于外业测量检查点的精度检测

当控制数据为外业控制点时,应使用影像成果范围内外业测量的检查点对正射影像成果进行精度检测。

(1)在 Focus 中打开影像成果,点击"Cursor Control"图标,在打开的面板中输入点位信息表中检测点坐标,如图 3.79 所示。

（2）在打开影像中,调整鼠标十字丝,找到该检查点在影像中的准确位置并在 Excel 精度检测表中记录其坐标,通过对"实测"和"影像获取"这两组坐标对比获得影像中该点的精度误差。依次将成果范围内所有检测点进行对比,算出所有点位误差的中误差,从而获得正射影像成果的精度误差,如图 3.80 所示。

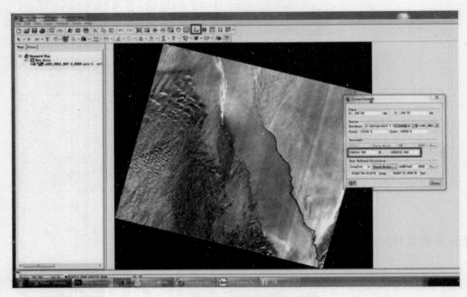

图 3.79　影像检测点坐标获取

精度检测表

Point ID	坐标1		坐标2		Res X	Res Y	Res
	image X	image Y	image X	image Y			
1	14690155.65	4257089.15	14690154.94	4257088.44	-0.71	-0.71	1.00
2	14692840.74	4257388.91	14692842.15	4257387.32	1.41	-1.59	2.13
3	14692468.38	4256399.38	14692469.79	4256402.55	1.41	3.18	3.48
4	14689846.88	4255785.20	14689846.18	4255781.14	-0.71	-4.06	4.12
5	14691776.84	4255559.99	14691779.40	4255556.99	2.56	-3.00	3.95
6	14692920.05	4255475.64	14692919.96	4255475.38	-0.09	-0.26	0.28
7	14692324.77	4253917.60	14692324.95	4253916.36	0.18	-1.24	1.25
8	14690195.92	4253702.28	14690196.01	4253702.45	0.09	0.18	0.20
9	14691633.41	4254066.60	14691635.35	4254065.18	1.94	-1.41	2.40
10	14690679.56	4258025.69	14690679.38	4258023.57	-0.18	-2.12	2.13
11	14693972.11	4257513.44	14693973.52	4257512.91	1.41	-0.53	1.51
12	14693193.13	4253641.16	14693191.01	4253643.10	-2.12	1.94	2.88
13	14694734.48	4254846.90	14694737.92	4254846.63	3.44	-0.26	3.45
中误差					1.68	2.06	2.66

图 3.80　Excel 精度检测表

二、基于基准影像的精度检测

当控制数据为基准影像时,应在基准影像和成果影像上均匀选取至少 11 个同名点,并将这些点位的两组坐标记录在 Excel 精度检测表中,算出中误差(即影像成果精度误差),如图 3.81 所示。

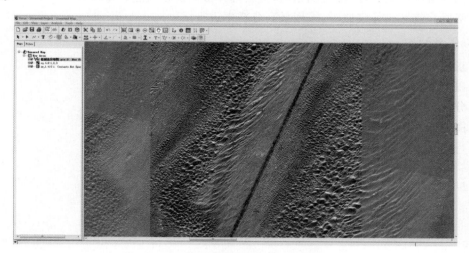

图 3.81　精度检测点位分布图

三、质量检查

1. 质量检查内容

(1)工程中模型选择、投影、坐标系、分辨率的设置是否正确;

(2)控制点和连接点分布是否合理、点位转刺是否准确;

(3)工程差是否合限;

(4)纠正成果接边差是否超限;

(5)纠正成果调色处理是否合理;

(6)镶嵌线走位是否符合要求;

(7)成果精度、范围、格式、分辨率等是否满足制图要求。

2. 正射影像成果及处理要求

(1)影像成果需色调均匀、反差适中、无明显偏色;

(2)整个区域影像色调应保持基本一致;

(3)纹理清楚,层次分明,地物清晰易读;

(4)影像上无明显亮点、黑洞、划痕等现象;

(5)对影像上的阴影、云影、薄云、薄雾等应根据需求进行相关处理;

(6)处理多光谱影像时应接近自然真彩色,保持光谱信息丰富。

3. 影像镶嵌与接边

(1)镶嵌处无明显裂缝、影像模型或地物重影现象;

（2）镶嵌时应保持地物的影像完整，尽量避开居民地、具有一定高差的地物实体；

（3）时相相同或相近的影像镶嵌时，应选择影像质量相对较好的影像，文理、灰度应过渡自然，保持一致，时相差距较大时，应采用时相较新的影像，允许存在光谱差异，但同一地物的光普特征保持一致；

（4）如果镶嵌误差超限，应查明原因，重新选择镶嵌拼接线进行镶嵌；

（5）不同分辨率影像镶嵌时，采用最高分辨率进行。

4.影像裁切

（1）正射影像裁切，需根据作业要求分幅或分块裁切输出正射影像；

（2）以基本比例尺标准分幅的数字正射影像，按成图要求裁切；

（3）分块裁切的专题影像图，成图范围按照相关技术要求执行；

（4）图幅内无影像数据区域以黑色填充（$R=G=B=0$）。

第四章　正射影像地图制作

　　正射影像地图不存在变形,它是地面上的信息在影像图上真实客观的反映。正射影像地图包含的信息比普通地图丰富,而且其可读性更强。在正射影像图上叠加一些符号以表示难以判读的地物或者抽象的信息,再加上一些必要的注记,可使正射影像图所包含的信息更为丰富。

　　MicroStation V8 软件是由美国 Bentley System 公司研发的一款可互操作、具有 CAD 平台,可进行二维绘图和三维建模以及工程可视化的软件。可以使用该款软件制作正射影像地图。这款软件的专用格式是 DGN,并可兼容 AutoCAD 的 DWG/DXF 等格式。MicroStation V8 软件提供了强大、多样化的功能,可用于精确查看、建模、记录、可视化各种类型及规模的二维和三维设计。该软件还提供了完整的编程接口,可对其进行二次开发,扩充编写地图符号库,可以扩充数据采集、拓扑构建等基本功能,能够满足各类比例尺的专题图制作需求。本章将通过正射影像矢量采集案例,重点介绍使用该软件在正射影像地图制作中采集矢量数据和出版符号化方法。

　　Global Mapper 是一款简洁实用、功能齐全的 GIS 数据处理软件,可处理多种类型的栅格、矢量数据,支持多种数据格式和坐标系转换。它有效简化了很多 GIS 软件数据处理的烦琐流程,有效提高了数据处理的效率。在正射影像地图制作中 Global Mapper 主要用于正射影像底图和高程数据的格式转换、投影变换和裁切。

　　这两款软件配合能够从正射影像中提取矢量信息,本章将介绍从正射影像基础数据提取矢量信息制作正射影像地图信息产品的方法。

第一节　正射影像地图制图的基本流程

　　正射影像地图制作是利用数字化像片、控制数据、成图区 DEM 等资料,通过影像纠正和影像镶嵌生成正射影像;然后以正射影像为背景,选择性地将部分矢量数据、注记数据和信息,按不同的属性以不同的彩色层分别叠加在影像上,得到含有矢量信息、注记信息和地物信息的彩色影像;最后经过影像裁剪和图廓整饰,生成规范的数字正射影像地图。能够制作数字正射影像地图的系统需要具有如下一些基本功能:影像定向、影像纠正、影像镶嵌、矢量数据的编辑、矢量数据的影像合成、影像的裁剪和图廓整饰等。

　　MicroStation V8 软件是常用的制作正射影像地图的一款软件,使用该软件进行数据采集的流程如图 4.1 所示。

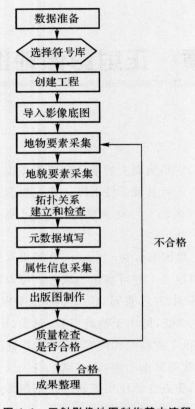

图 4.1 正射影像地图制作基本流程

首先是数据准备,准备制图区域的正射影像,然后根据制图需要选择符号库。选择符号库后开始创建工程,导入影像底图,开始矢量采集工作。采集矢量数据的过程中根据制图的比例尺和制图种类,要严格遵守相关的国家规范和技术标准。

第二节 作业准备

一、数字正射影像准备

数字正射影像是正射影像地图的定位基础,主要用于采集平面二维矢量信息,数字正射影像通常有直接购买和自主生产两种获取方式,自主生产数据的制作参照第三章数字正射影像制作,制作数字正射影像。制作完成正射影像后需要对影像质量进行检查。

1.影像质量检查

(1)成果数学基础检查。主要检查影像成果的投影、分带、中央经线等参数设置是否正确。

(2)影像质量检查。主要检查影像数据范围、分辨率、灰阶、影像情绪度、云覆盖等是否满足成图要求。

(3)影像精度检查。主要检查影像数据平面位置的定位精度。

正射影像通过数据检查后,需要对影像进行裁切,确定制图区域的范围。

2.影像裁切

(1)利用 PCI 软件中的 FOCUS 模块,打开"Clipping/Subsetting"工具栏,如图 4.2 所示。

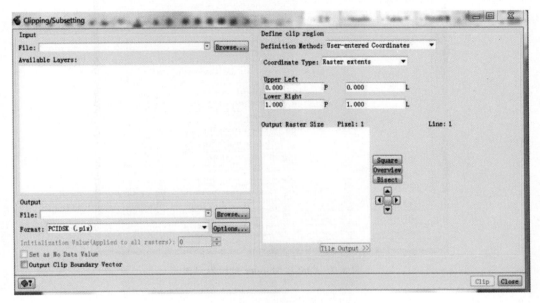

图 4.2　"Clipping/Subsetting"工具栏

(2)设置影像裁切参数。根据需要选择裁切的影像和输出的影像格式、目录等,并且根据要求设置裁切范围。这里的范围输入常用的主要有根据直接输入坐标裁切、根据参考影像范围裁切、根据矢量文件范围裁切等几种方法。

(3)检查范围是否正确,输出裁切成果。

3.影像输出格式

影像数据输出格式一般选择 tiff 格式,同时在输出选项一栏中输入"world"字符,以便输出与 tiff 格式影像相匹配的地理信息文件 tfw。这里需要注意的是,tfw 文件的名字需与其相对应的 tiff 文件的名字相同,而且要放在和源文件相同的目录下。

二、数字高程模型制作

如果只具备立体像对,需要对数字高程模型进行测制的情况,可参考第五章数字高程模型和地表模型的制作。此处主要介绍对已有的数字高程模型成果数据进行处理。

1.数据重采样

当已有数字高程模型的数据规格不满足要求时,通常需要对其进行重采样,先将数据进行重投影,确保其投影参数设置与数字正射影像保持一致,再对其进行数据输出,输出时设置为 ASC 格式,同时根据规范要求设置所需的格网间距。

首先将数据导入 Global Mapper 软件,选择"文件"→"重投影",选择输入的数据类型以及要输出的数据类型,添加待转换的数据,选择输出路径,设置输出文件名、投影参数以及格网间距,完成数据重采样,如图 4.3 所示。

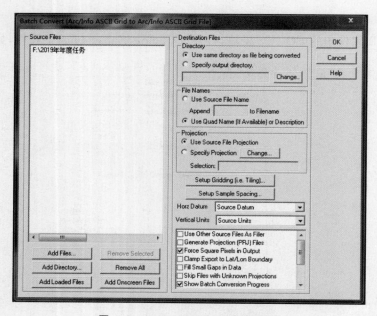

图 4.3　Global Mapper 重投影界面

2.格式转换

可利用 GlobalMapper 或 PCI 软件对 DEM 数据进行格式转换,当 DEM 数据为 pix 等专属格式时,使用 PCI 软件。pix 格式数据转换需在 PCI 软件的 FOCUS 模块中打开 pix 文件,右键选择 Translate 输出 ASC 格式文件,如图 4.4 所示。

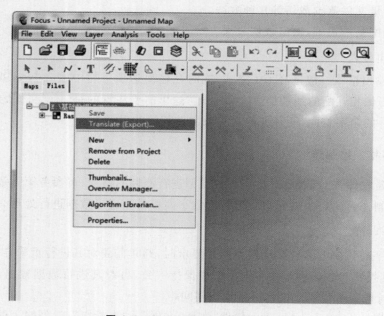

图 4.4　Global Mapper 格式转换

3. 高程异常处理

如果数字高程模型成果为大地高,需要将大地高转换为正常高,高程异常模型通常采用 EGM2008,通过 Global Mapper 软件,使用"结合/比较地形层…"工具,进行正常高和大地高的转换。

将大地高数据与 EGM2008 数据一同导入 Global Mapper 软件,选择"分析"→"结合/比较地形层…",如图 4.5 所示,将大地高数据与高程异常数据进行"减法(差)-有符号"处理,计算后的数据就是正常高数据,如图 4.6 所示。

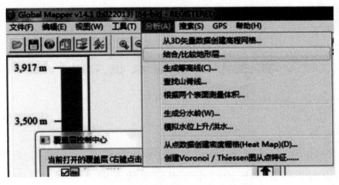

图 4.5　结合/比较地形层

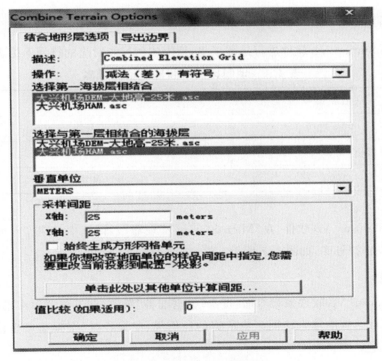

图 4.6　结合地形层选项

4. 数据裁切

可利用 Global Mapper 或 PCI 软件对 DEM 数据进行裁切。设置裁切范围后将数据输出为 ASC 格式文件。

5. 成果检查

(1)数学基础是否符合要求；

(2)规格、格式是否正确；

(3)范围是否正确；

(4)有无异常值。

第三节　矢量数据采集

一、成图范围

根据所需测制的区域确定成图比例尺和图幅范围，成图比例尺通常在 1∶5 000～1∶100 000。在使用正射影像作为底图时需要确定影像范围大于制图范围。

二、工程创建

1. 符号库选择

运用 MicroStation V8 软件进行地图采集，地图比例尺和对应的符号库见表 4.1。

表 4.1　地图比例尺和对应的符号库

比例尺	符号库
1∶5 000～1∶15 000	5 000 符号库
1∶20 000～1∶50 000	20 000 符号库
1∶100 000	100 000 符号库

打开 MicroStation V8 软件，在"MicroStation 管理器"对话框中，"工作空间"下"用户"选项栏里选择对应的符号库，如图 4.7 所示。

2. 工程创建

在 MicroStation V8 软件采集界面，点击"数据准备"菜单，在下拉菜单中选择"创建工程"工具，在弹出的对话框中输入地图采集所需的比例尺、中央经线、图幅角点坐标等参数，如图 4.8 和图 4.9 所示。

三、地物要素采集

地物要素采集时，按点、线、面、注记分层按编码进行采集。打开创建好的工程，导入底图。

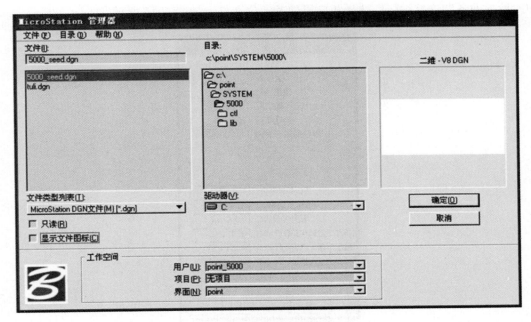

图 4.7　结合地形层选项

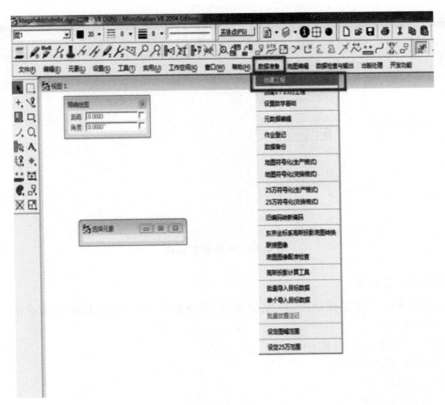

图 4.8　数据准备

打开"数据准备""连接图像",选择相应影像及定位文件。如图 4.10 所示。

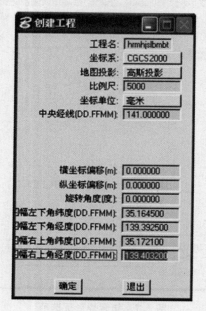

图 4.9　创建工程

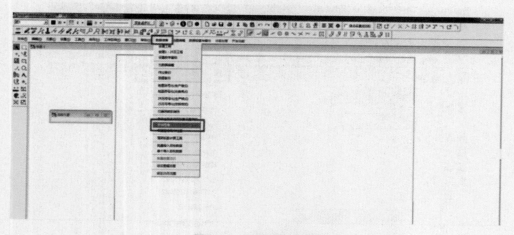

图 4.10　地物要素采集

1. 地物要素采集内容

正射影像地图根据成图比例尺、地理位置、军事价值等,结合实际用图需求表示以下内容:

(1)测量控制点;

(2)工农业和社会文化设施;

(3)居民地及其附属设施;

(4)交通运输设施;

(5)水系及其附属建筑物;

(6)境界与政区;

（7）植被；

（8）军事区域；

（9）注记。

2.地物要素采集要求

（1）要素按点、线、面和注记分层按编码采集。点状要素采集符号的定位点。有方向的点状要素还应采集符号的方向点；线状要素采集其中心线或定位线；面状要素采集轮廓线或范围线。

（2）采集顺序应按照"主要→次要、线→面"的顺序采集，采点密度以线、面状要素的几何形状不失真为原则，采点密度随着曲率的增大而增加，曲线不得有明显变形和折线。视情进行适当综合，节点之间的距离最小不得超过0.1 mm。

（3）矩形要素按折线段（LO）采集（直角化）；多边形要素按折线段（LS）采集。

（4）数字作为注记表示时用半角输入，括号、问号、引号、横线等字符作为注记表示时用全角输入。

（5）主名和副名（括弧保留）根据相应等级分别采集，副名应在主名下方同体字小两级加括号注出。

（6）无明确分界的湖群或群岛，有总名和分名时，总名字级比分名大2级。

四、地貌要素采集

地貌要素主要采集等高线和高程点，如果有立体测图环境，地貌要素可直接在立体下采集生成，这里主要介绍的是利用数字高程模型成果在Global Mapper软件中生成地貌要素。

1.等高线生成

（1）在Global Mapper软件中打开正常高的数字高程模型，点击"分析"菜单，在下拉菜单中选择"生成等高线"，在对话框中填入等高距，如图4.11所示。等高距根据图幅比例尺和图内地势的疏密程度确定，可选用1 m、2.5 m、5 m、10 m、20 m、25 m等。

图4.11　等高线生成

（2）删除 0 m 等高线。

2.高程点采集

（1）在工具栏选择"创建新的点"，如图 4.12 所示。

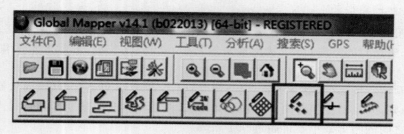

图 4.12　创建新的点

（2）点击放置高程点位置（查看左下方 Height 的高程值）输入到名称栏中，高程值取整或保留 1 位小数，全图保持一致。

（3）点击"添加"按钮，弹出编辑属性对话框，属性名输入"ELEVATION"，属性值输入高程值，高程值与名称栏输入的高程值一致（见图 4.13）。

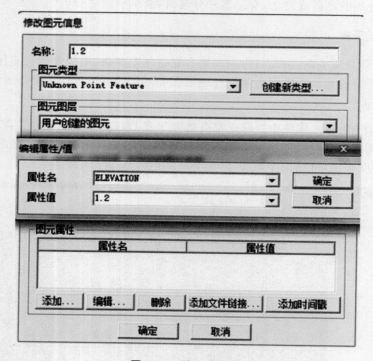

图 4.13　输入高程值

3.数据输出

等高线和高程点数据可输出为 txt,dxf,shp 格式的文件，点击"文件"菜单，在下拉菜单中选择"输出→输出矢量格式"，选择需要的矢量格式输出。

4. 格式转换

应用制图软件或小程序将输出的地貌数据转成军标交换格式文件,导入 MicroStation V8 中进行后续的编辑。

5. 地貌数据编辑要求

(1)等高线遇到湖泊需绕开;

(2)等高线落入海需处理;

(3)凹地需要加示坡线。

6. 加等高线注记

(1)等高线注记也叫"标高列",一般标注在计曲线上,选择等高线平滑的位置进行标注。

(2)标注数量结合等高线疏密程度确定。在丘陵地、山地每幅图可标注 5～10 个,平地可酌情减少。

五、数据拓扑关系检查

数据拓扑关系是描述数字矢量地图上点、线、面状要素之间关联、邻接、包含等空间关系。

1. 拓扑关系建立一般要求

(1)数据仅在同一要素层中建立拓扑关系;要素层与要素层之间不建立拓扑关系;同一要素层中不同平面的地物不建立拓扑关系。

(2)每一个面域多边形有且仅有一个面标识点。

(3)不同属性弧段的分界点可不作为伪节点处理。

(4)位置相重叠的不同要素线状地物数据在重叠部分要求完全重合。

2. 拓扑关系检查

在 MicroStation V8 软件中,点击"数据检查与输出"菜单,在下拉菜单中选择"拓扑检查入库(交换格式)",在弹出的"数据处理"对话框中选择"全要素"项、设置第一个限差为 0.1 mm,标类型:入库坐标(米)。点击"开始"按钮完成拓扑关系检查和军标交换格式生成,详见图 4.14。

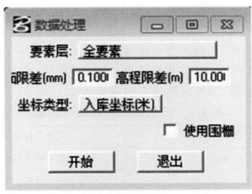

图 4.14　数据处理对话框

六、属性信息采集

(1)地物要素和地貌要素主要采集以下属性信息,见表 4.2。

表 4.2　地物要素和地貌要素主要采集以下属性信息

序　号	属性名称
1	名　称
2	类　型
3	类　别
4	高　程
5	比　高
6	宽　度

(2)注记要素主要完成以下属性信息的采集,见表 4.3。

表 4.3　注记要素采集信息

序　号	属性名称
1	名　称
2	字体
3	字型
4	字大
5	字向
6	颜　色

各要素属性输入项以收集的资料为准,未收集到的内容不输入,缺省表示。属性信息结合用图实际需求和不同图层要素的特点可进行添加和扩充。

七、元数据填写

1.填写元文件

元文件是数据和信息资源的描述性信息。主要内容包括数据源、数据分层、产品归属、空间参考系、数据质量、数据更新、图幅接边等信息。

在 MicroStation V8 软件中点击"数据检查与输出"菜单,在下拉菜单中选"生成元数据(交换格式)",进行元数据填写,需填写的主要内容见表 4.4。

表 4.4　元数据填写标准与要求

序　号	名　称	填写标准与要求
1	数据采集单位	填写地图的制作单位
2	产品生产日期	YYYYMM(裁图填写地图生产日期)
3	产品更新日期	YYYYMM(新采集地图填写为"NULL")

续表

序　号	名　称	填写标准与要求
4	参照图式编号	例：CHBXXX—2008
5	参照要素分类编码编号	例：CHBXXX—2012
6	图　名	XXX 正射影像地图
7	图幅等高距	单位：m
8	分带方式	例：三度带
9	带　号	默认值 0
10	高程基准	例：1985 国家高程基准
11	数据来源	例：派生数据或原生数据
12	采集方法	例：正射影像采集

2.填写说明文件

说明文件主要记录地图制作的原始数据来源、时间、成图的坐标系、中央经线等信息。说明文件的内容在出版图中会标示于图幅的左右下角，具体内容示例见表 4.5。

表 4.5　说明文件

项　目	内容示例
左下角说明文件	正射影像地图系国土资源局利用 2020 年 4 月"世界观测－2"卫星资料测制，依据 2022 年 3 月"高分七号"卫星资料修测。2022 年 12 月制作
右下角说明文件	本图采用 2000 中国大地坐标系，高斯-克吕格投影，中央经线为 141°，等高距为 10 m

第四节　地图出版与质量检查

一、裁切图外要素

对于图廓外要素需进行裁切，如等高线。

（1）在 MicroStation V8 软件中，点击"地图编辑"菜单，在下拉菜单中选择"内图廓强制闭合线"工具，在对话框中的"要素层"项选择"放置围栏"；

（2）点击"地图编辑"菜单，在下拉菜单中选择"围栏裁切（内部）"。

二、数据转出版 DGN

在 MicroStation V8 软件中，点击"出版处理"菜单，然后依次执行以下操作：

（1）执行"地图整饰（交换格式）"菜单，按比例尺生成对应的经纬网格。

（2）执行"开发功能"菜单下的"图廓整饰注记修改"子菜单。

（3）执行"面目标符号化（交换格式）"菜单。

（4）执行"加图形蒙片"菜单。

（5）执行"转出版 DGN"菜单。

三、出版 DGN 数据处理和输出 AI 格式数据

在 MicroStation V8 软件中，点击"开发功能"菜单，然后依次执行以下操作：

（1）执行"修改色表"菜单，选择"出版色表"。出版色表中居民地、道路、山名等专有名称注记用黄色，水系注记用蓝色，等高线注记用棕色。

（2）执行"旋转出版视图"菜单。

（3）点击工具条上的"放置围栅"按钮，在弹出的"放置围栅"对话框中，"围栅类型"选择"按设计文件"，并左键单击编辑视图空白处。

（4）执行"文件"→"打印"菜单，在"打印对话框"中，设置"Bentley 驱动程序"，"打印比例"更改为 1，输出 AI 格式数据。

四、生成出版 EPS

在 Adobe Illustrator 软件中，对 MicroStation V8 生成的 AI 格式数据进行处理，生成 EPS 格式的出版数据。

1. 设置出版图尺寸

选择工具栏上的"画板工具"，在工具条中设置出版尺寸，如宽为 400 mm，高为 300 mm。

2. 影像图层栅格化

新建"影像图层"放置于最下层，选中"图层 1"中的所有影像拖拽至"影像图层"中，点击图层右侧圆形标志，选中整个图层，选择"对象"→"栅格化"工具，分辨率选择 300 ppi。

3. 图内要素出版处理

（1）更改等高线不透明度。结合等高线的疏密程度以及底图影像的颜色，可以将透明度设置为 35%、50% 或 70%。

（2）加高程点、注记描边。图内棕色注记和蓝色注记加 0.2 mm 白色描边。

（3）面要素更改不透明度。面要素透明度调整为 30%。

（4）检查图名和左右下角注记正确完整后，将文件另存为 EPS 格式，文件命名为"XXX 正射影像地图.eps"。

五、质量检查

正射影像地图的质量检查分为目视检查和影像图几何精度检测。

目视检查影像是否清晰易读、反差是否适中、色调是否均匀一致、纹理是否清楚。对于彩色影像，目视检查影像色彩是否鲜明有真实感，影像上不能有因作业过程中的失误而造成的肉眼可见的重影和模糊现象。

影像图几何精度检测是在影像图上选取一定数量的检测点，通过检测点的精度来度量整幅图的几何精度。可以查找大地控制点平面坐标或在更大比例尺的线划图、数字栅格地图等图上读取明显地物点的平面坐标，与正射影像图上同名点的平面坐标值相比较，对差值结果统

计计算中误差;或者以数字栅格地图(DRG)或其他高精度数据做背景,将数字正射影像图数据叠加在上面进行检查,量取若干同名点之间的差值,统计计算中误差。

具体的检查项目如下:

1.数学精度检查

(1)检查地图的数学基础、空间定位系统的正确性,包括采用的坐标系、投影、高程基准。

(2)地图要素的平面位置精度是否符合要求。

(3)点状要素定位点采集是否正确,点位精度是否符合规定限差要求。

(4)线状要素是否符合规定限差,形态有无严重变形等。

2.数据完整性检查

(1)数据采集内容是否完整,要素层、要素项有无遗漏或重复,有无非法要素。

(2)综合选取的要素表示是否合理。

(3)形成的数据文件是否齐全完整,图幅各项数据是否齐全。

(4)所有文档资料填写是否正确、完整。

(5)元数据文件内容是否正确、完整。

3.数据形式检查

(1)数据文件命名格式、文件格式、记录格式是否符合规定。

(2)数据文件能否正确读写,有无异常数据、非法字符。

(3)数据源生产日期是否正确,使用的资料是否为最新的资料。

第五章　数字高程模型和地表模型的制作

第一节　数字高程模型基本概念

一、数字高程模型的定义

数字地形模型（Digital Terrain Model，DTM）是描述包括地貌因子（如高程、坡度、坡向、坡度变化率等）在内的线性和非线性组合的空间分布。它是地理信息系统的基础数据，可用于绘制等高线、坡度坡向图、立体透视图和工程面积、体积、坡度计算以及任意两点间通视判断，在土地利用现状分析、任意断面图绘制、洪水险情预报等领域有着广泛的应用。在军事应用方面，它可用于武器的导航制导、作战电子沙盘等。在遥感影像制作正射影像图以及地图的修测过程中也需要 DTM 进行地形校正。

数字高程模型（DEM），是在一定范围内通过一系列规则格网点的三维坐标描述地面高程信息的数据集合，用于反映区域地貌形态的空间分布，以及用于转换等高线和提取地面高程信息等。

DEM 是用一组有序数值数组形式表示地面高程的模型。它通过有限的地形高程数据模拟地面地形，是 DTM 的一个分支。DEM 是零阶单纯的单项数字地貌模型，坡度、坡向及坡度变化率等地貌特性可在 DEM 的基础上派生。

二、DEM 构建方法

建立 DEM 的方法有多种。从数据源及采集方式来区分有以下几种：

1. 野外数据测量

使用测绘仪器如水平导轨、测针、测针架和相对高程测量板等，也可以用 GPS、全站仪、野外测量等高端仪器。

2. 摄影测量方法

利用航空或航天遥感影像，使用立体坐标仪观测及空三加密法、解析测图、数字摄影测量等等获取高程数据。

3.地形图数字化法

使用数字化仪手扶跟踪或及扫描仪半自动采集等方法,采集等高线数据,再通过内插模型生成 DEM。

DEM 内插方法主要有整体内插、分块内插和逐点内插。

整体内插的拟合模型是由研究区内所有采样点的观测值建立的。分块内插是把参考空间分成若干大小相同的块,对各分块使用不同的函数。逐点内插是以待插点为中心,定义一个局部函数去拟合周围的数据点,数据点的范围随待插位置的变化而变化,因此又称移动拟合法。DEM 常用的内插方法有规则网络结构和不规则三角网(Triangular Irregular Network,TIN)有两种算法。

目前常用的算法是 TIN,然后在 TIN 基础上通过线性和双线性内插建 DEM。

用规则方格网高程数据记录地表起伏的优点有:(X,Y) 位置信息可隐含,无需全部作为原始数据存储由于是规则网高程数据,以后在数据处理方面比较容易。这种方法的缺点是:数据采集较麻烦,因为网格点不是特征点,一些微地形可能没有记录。

TIN 结构数据的优点是:能以不同层次的分辨率来描述地表形态。与格网数据模型相比,TIN 模型在某一特定分辨率下能用更少的空间和时间更精确地表示更复杂的表面,特别是当地形包含大量特征(如断裂线、构造线)时,TIN 模型能更好地顾及这些特征。

三、DEM 表达形式

数字高程模型的数据组织表达形式有多种,常用的有规则矩形格网与不规则三角网。

1.规则矩形格网

规则矩形格网是高斯投影平台上,在 Z、Y 轴方向按等间隔排列的地形点的平面坐标 (z,y) 及其方程 (z) 的数据集,其任一点 P_{ij} 的平面坐标,可根据该点在 DEM 中的行列号 i,j 及存放在该 DEM 文件基本信息中推算出来。矩形格网 DEM 的优点是存储量较小,可以压缩存储,便于使用和管理。规则格网 DEM 在测算土方、计算体积时较为适用。

2.不规则三角网

用不规则三角网表示 DEM,通常称 TIN。由于构成 TIN 的每个点都是原始数据,避免了内插精度损失,所以 TIN 能较好地估计地貌的特征点、线,表示复杂地形比矩形格网精确。TIN 的数据量较大,除存储其三维坐标外还要设网点连线的拓扑关系,一般应用于较大范围航摄测量方式获取数值。

四、DEM 常的分辨率

DEM 的分辨率是指 DEM 最小的单元格的长度。它是 DEM 表达地形精确程度的一个重要因子,也是决定其使用范围的一个主要指标。DEM 是离散数据,任意一点 P 的坐标其实都是一个小方格。每个小方格内存储的数值标识出其高程。小方格的边长就是 DEM 的分辨率。分辨率数值越小,分辨率就越高,表达的地形程度就越精确,同时数据量也呈几何级数增长。因此,DEM 的制作和选取的时候要依据需要,在精确度和数据量之间做出平衡选择。

第二节　数字高程模型的制作

本节将介绍如何使用遥感立体像对测制 DEM。使用的软件是 GEOWAYDPS 数字摄影测量系统,它是新一代立体测图系统,GEOWAYDPS 将数字摄影测量技术与地理信息系统技术有机结合,彻底改变了"联机测图"的传统模式,在单屏立体环境下实现地物采集、图形编辑和三维质检的一体化作业,极大地提了高立体测图的操作性和灵活性。

系统能够接收和处理包括各种高分辨率航空、航天遥感影像,支持各种空三加密成果的导入,支持 DLG 数据采集和编辑,支持大范围 DEM 和 DSM 的自动生成和精细编辑。

GEOWAYDPS 数字摄影测量软件平台由观测系统和处理系统两部分构成。观测系统主要完成各种传感器立体影像的建模处理。处理系统主要基于立体模型进行 DLG 要素采集、编辑、质检以及 DEM 和 DOM 生产,按功能分为空三模块、立体采编模块、自动 DEM 模块、DEM 编辑模块、正射纠正模块和质量检查模块。

一、基本流程

数字高程模型制作基本流程,如图 5.1 所示。

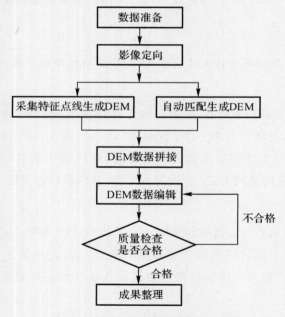

图 5.1　数字高程模型制作基本流程

二、影像定向建模

影像定向建模是利用提供的外方位元素文件进行定向建模。建模工作在 GEOWAYDPS 软件中的"定向建模"模块完成。

（1）加载影像。在影像管理作业窗口中，加载需进行定向建模的影像。

（2）模型创建。

（3）模型解算。

三、特征点线采集生成 DEM

在 GEOWAYDPS 软件界面中选择"DEM 制作"模块，进行特征点线的采集。

（1）打开建立的测图工程。在工程管理器对话框，"立体模型"图层加载立体模型。

（2）建立特征数据图层。在工程管理器对话框中，"TIN"图层处右键点击"新建特征数据图层"，会在"DEM 数据"图层下新建一个"DEM 特征数据"图层。

（3）在"DEM 特征数据"图层中进行特征点线的采集。也可以将已有的测图数据（如等高线、高程点等）导入"DEM 特征数据"图层，然后转换为特征数据。

（4）用特征数据构建 TIN 网。在工程管理器中，在"TIN"图层点击右键，选择"根据特征数据构 TIN"，将特征数据构建 TIN 网，如图 5.2 所示。

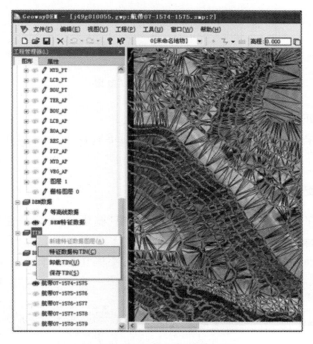

图 5.2　根据特征数据构 TIN

（5）TIN 网数据编辑。对未贴合到地面的 TIN 网，实时采集特征点线来编辑 TIN 网，直至 TIN 网完全拟合地面。

（6）生成 DEM 数据。

1）在工程管理器对话框右键点击"DEM"图层，选择"构建 DEM"，在弹出的对话框中，选择"使用 TIN 网范围"，如图 5.3 所示。

2）DEM 数据范围设置。通过"输入图幅号""自定义选择参考文件""采用选择对象定义 DEM 范围"等方式输入 DEM 范围。

3）格网间距和无效值设置。根据比例尺和实际用图需要设置 DEM 格网间距。无效值输入－99999。

图 5.3　生成 DEM 数据

4）设置输出的 DEM 文件路径。

5）设置参数后，单击确定完成 DEM 构建，可在 DEM 层上点击加载 DEM 将构建结果载入软件中。

四、软件自动匹配生成 DEM

（1）在 GEOWAYDPS 软件主界面选择"定向建模"模块，打开定向建模工程。

（2）选择相应的"模型处理"栏（航片进入航片立体模型处理），在"模型解算"对话框选择"批处理"，将测区内涉及的模型全部选中，点击右键，选择"DEM 生成"，如图 5.4 所示。

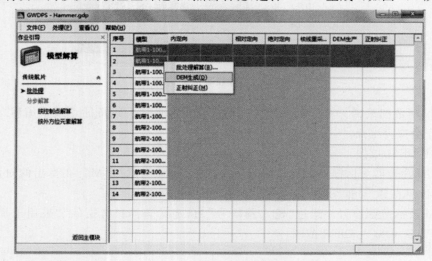

图 5.4　模型解算对话框

（3）设置 DEM 自动匹配参数，如图 5.5 所示。

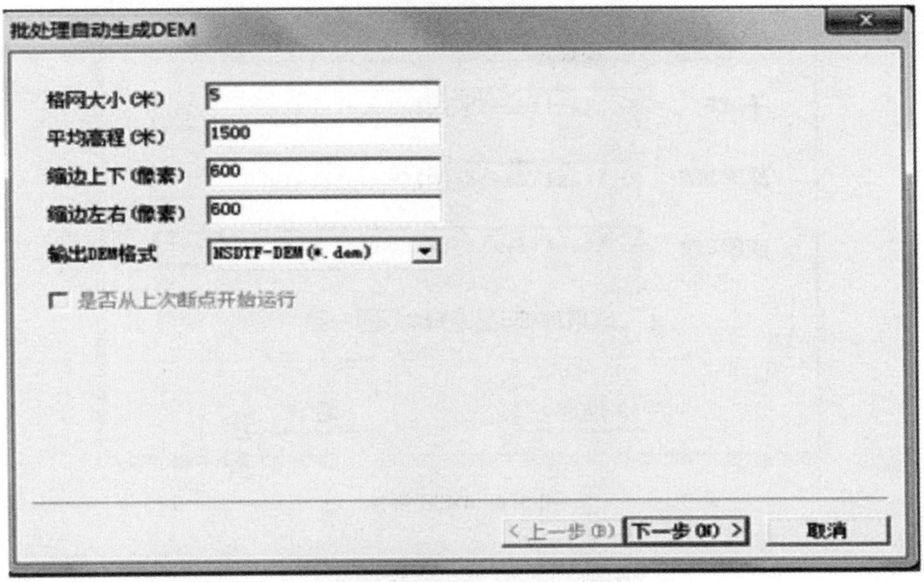

图 5.5 批处理自动生成 DEM

1）输入 DEM 格网大小，不同比例尺的 DEM 成果生产规范要求的 DEM 格网大小不同，例如 1:10 000 比例尺的 DEM 格网大小为 5 m。

2）平均高程，设定测区的平均高程。

3）缩边上下/左右：模型边缘匹配的 DEM 一般精度不高，通过缩边裁去边缘的 DEM 格网点，一般按默认值即可。

4）输出 DEM 格式，支持自动匹配出"＊.dem 和 ＊.grd"两种格式 DEM，格式任选其一。

（4）自动匹配生成 DEM 数据。匹配完成后，结果存放在定向建模工程路径下的模型文件夹中，以模型名称自动命名 DEM。

五、DEM 编辑

通过特征点线采集和自动匹配生成的 DEM 不满足高精度 DEM 成果需求，需对 DEM 数据进行进一步编辑。

1. DEM 拼接

选择"DEM 处理"菜单，在"DEM 扩展功能"子菜单中选择"DEM 合并"面板。利用这个工具可对相邻模型 DEM 进行两两合并，如图 5.6 所示。

2. DEM 导入

在工程管理器中，右键点击"DEM"图层，点击"加载 DEM"，选择需要导入的 DEM 数据，将前面制作和拼接的 DEM 导入 DEM 编辑界面，如图 5.7 所示。

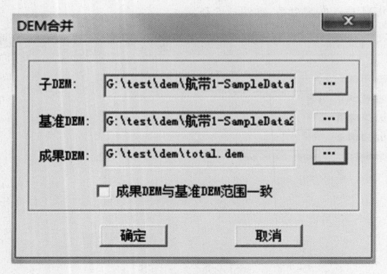

图 5.6 DEM 拼接

图 5.7 加载 DEM

3.DEM 编辑

(1)面改正。采集面改正范围线,切准地面进行范围编辑,确定范围后点击右键,范围内的格网点自动进行调整贴合到地面。

(2)局部置平。手工采集等高的多边形或拉框生成矩形,确定置平范围,右键结束,生成处理范围,可以即时看到范围内的格网点被置平。

(3)整体升降。对于有树的地区,匹配的点一般都在树梢上,需要对格网点进行降树高的处理。采用两种方式:一是给定一个值,采集一个范围,该范围内的格网点按这个值自动降树高;二是先采集一个多边形范围,该范围内的格网点会显示被选中,调整其中一个格网点的高程,其他格网点也会下降一样的树高值。

(4)区域平滑。采集多边形或拉框选择平滑范围线,右键结束后区域里的点自动进行平滑处理,此功能可以去除生成的小圈等高线。

(5)点编辑。点编辑功能每次只能对单一格网点进行编辑。针对大面积格网点中存在少量离散飞点,可用 DEM 点编辑功能对飞点的高程进行单点改正。

4. DEM 编辑的相关要求

(1)DEM 以矩形范围为单位提供数据,该矩形范围为图幅的最大外接矩形再向四边扩展图上 10 mm,且一幅图内只采用一种格网间距。

(2)静止水体范围内的 DEM 高程值应一致,流动水域的 DEM 高程应自上而下平缓过渡,关系合理。

(3)空白区域是指获取高程的数据源出现局部中断的情况。位于空白区域的格网应赋予高程值－9999,对空白区的处理要完整地记录在元数据中。

(4)相邻 DEM 数据接边,接边后不应出现裂隙现象,重叠部分的高程值应一致。DEM 模型间、图幅间至少应有三排格网重叠数据区,同名点较差小于 2 倍中误差者取平均数作为最后值,否则需查明原因,妥善处理。

(5)生产格网较小的 DEM 产品不得由格网较大的 DEM 产品内插生成,格网较大的 DEM 产品可由格网较小的 DEM 产品重采样生成。

六、质量检查

1. 检查验收内容

(1)数学基础是否准确无误;

(2)DEM 格网间距选择是否正确;

(3)格网点精度是否符合要求;

(4)DEM 数据接边是否符合规范规定要求;

(5)数据文件的完整性及数据内容、格式的正确性。

2. 精度检测方法

(1)绝对精度检测。利用测区内的外业实测点与相应的 DEM 内插数据进行比较,计算高程中误差。

(2)相对精度检测。

1)对于 DEM 数据,一般按 500 m×500 m 间隔在立体模型上进行逐点抽样检测,计算其相对高程误差。

2)区域 DEM 数据中误差超限时,应重新进行编辑修改;在中误差符号要求的情况下,对量测误差超出中误差 2 倍的单点必须进行修正。

第三节　数字地表模型的制作

数字地表面模型(Digital Surface Model,DSM)是指包含了地表建筑物、桥梁和树木等高度的地面高程模型。DEM 只包含了地形的高程信息,并未包含其他地表信息。DSM 是在 DEM 的基础上,进一步涵盖了除地面以外的其他地表信息的高程。在一些对建筑物高度有需求的领域,得到了很大程度的重视。

DSM 表示的是最真实地表达的地面起伏情况,可广泛应用于各行各业。如在森林地区,DSM 可以用于检测森林的生长情况;在城区,DSM 可以用于检查城市的发展情况;特别是军事应用领域,巡航导弹等高精度制导武器需要数字表面模型提供地表起伏信息。

DSM 制作的流程和数字高程模型制作一致,在此重点介绍数字地表模型编辑的相关要求和精度检测的方法。

一、基本流程

数字地表模型制作流程,如图 5.8 所示。

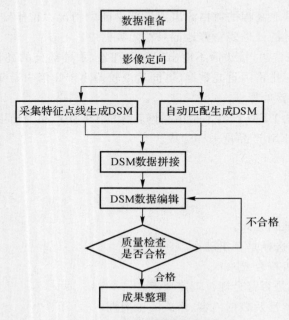

图 5.8　数字地表模型制作流程

二、DSM 编辑相关要求

(1)森林地区的高程统一取至树顶;高度在 30 m 以下的疏林和零星树木取至地面,30 m 以上的取至树顶。

(2)居民区要突出表示其轮廓线及 10 m 以上的街道和 1 000 m² 以上的空地。10 m 以下宽度的街道和 1 000 m² 以内的空地可与房屋综合,高程统一取至房顶;高度在 30 m 以上的建筑物必须逐一采集,格网点没有落到顶部的,高程移至最近的格网点上;零散独立的平房不表示。

(3)立交桥、高架桥、堤坝等大型人工建筑高程取至顶部。

(4)独立建筑物高度在 20 m 以上的要表示,20 m 以下的不表示。

(5)高出地面的线状物体,如高压输电线、缆车道、斜拉桥拉杆、围墙、管道等,凡立体可判的或通过相关地物可分析判断的,高程均应测至顶部,当位置与 DSM 格网点不一致时,移位赋值表示。

(6)独立地物如高压线塔、烟囱、水塔、发射塔、广告牌等,凡立体可判的高程均测至顶部。最高点不在 DSM 格网点上时,采取就近的原则,高程赋邻近格网点。当物体顶部边长(外截直径)大于等于 5 m 时,按线状或面状地物表示。

（7）静止水体范围内的 DEM 高程值应一致，流动水域的 DEM 高程应自上而下平缓过渡，关系合理。

（8）空白区域是指获取高程的数据源出现局部中断的情况。位于空白区域的格网应赋予高程值－9 999，对空白区的处理要完整地记录在元数据中。

三、精度检测方法及要求

（1）精度检查要在立体状态下进行，并给出相应的精度检测报告。

（2）对于 DSM 数据，分别按 500 m×500 m 和 200 m×200 m 的间距进行逐点抽样检测，计算其相对高程误差。

（3）对于高大的障碍物，抽样点数应不小于 10%。

区域 DSM 数据中误差超限时，应重新进行编辑修改；在中误差符合要求的情况下，对量测误差超出中误差 2 倍的单点，必须进行修改。

第六章　无人机影像制图

近年来,随着无人机的普及、数码相机技术的发展,无人机航空摄影测量在测绘领域得到了广泛的应用。无人机航测有机动灵活、高效快速、精细准确、作业成本低、适用范围广、生产周期短等特点,在小区域和飞行困难地区高分辨率影像快速获取方面具有明显优势。基于无人机平台的数字航摄技术已显示出其独特的优势,无人机与航空摄影测量相结合使得"无人机数字低空遥感"成为航空遥感领域的一个崭新发展方向。无人机航拍可广泛应用于国家重大工程建设、灾害应急与处理、国土监察、资源开发、新农村和小城镇建设等方面,尤其在基础测绘、土地资源调查监测、土地利用动态监测、数字城市建设和应急救灾测绘数据获取等方面具有广阔前景。本章将介绍无人机影像图的相关知识,并采用实例演示三维模型的生成过程。无人机航拍摄影测量具有速度快、成本低、精度高、可以直接生成三维模型等特点,已经在测绘地理信息构建中发挥着重要的作用。

第一节　无人机摄影测量概述

一、无人机倾斜摄影测量

无人机的普及使得倾斜摄影测量得到广泛的应用。倾斜摄影技术是国际测绘领域近些年发展起来的一项高新技术,它颠覆了以往正射影像只能从垂直角度拍摄的局限,通过在同一飞行平台上搭载多台传感器,同时从一个垂直、四个倾斜等五个不同的角度采集影像,获取到丰富的建筑物顶面及侧视的高分辨率纹理。它不仅能够真实地反映地物情况,高精度地获取物方纹理信息,还可通过先进的定位、融合、建模等技术,生成真实的三维城市模型。倾斜摄影如图 6.1 所示。

图 6.1　倾斜摄影

传统航空摄影只能从垂直角度拍摄地物,无人机倾斜摄影则是通过在同一平台搭载多台传感器,同时从多个角度采集影像,这有效弥补了传统航空摄影的不足。因此,无人机倾斜摄影系统可以定义为:以无人机为飞行平台,以倾斜摄影相机为任务设备的航空影像获取系统。

无人机倾斜摄影测量技术是近年来发展起来的一项高新技术,倾斜摄影技术三维数据可真实反映地物的外观、位置、高度等属性;借助无人机,可快速采集影像数据,实现全自动化三维建模;倾斜摄影数据是带有空间位置信息的可量测影像数据,能同时输出 DSM、DOM、TDOM、DLG 等多种成果。

无人机航空摄影技术主要具备了高空作业、摄影成像、遥控、微波传输及计算机影像处理等功能,在其工作过程中,以高空为作业平台,通过机载的形式来实现设备的远程遥控,其中,主要以高分辨率的 CCD 数码相机、轻型的光学相机、红外线扫描仪、激光扫描仪和磁测仪等设备进行辅助,以获取高分辨率、真彩色的数字影像,再通过专业的数字测图、绘图等软件进行相应的数据处理,配合以高精度要求的绘图制作工艺,以及各种比例尺的要求下得以完善和修饰。其中,常采用的比例尺有 1∶1 000、1∶2 000 和 1∶5 000。

二、无人机摄影测量特点

在数字摄影测量中,不仅其产品是数字的,而且其中间数据的记录以及处理的原始资料均是数字的。较常规的(或传统的)数字产品的生产方法,数字摄影测量将大量烦琐的外业劳动交由计算机(内业)处理,大大减轻了测绘人员的劳动强度,提高了劳动生产率,缩短了产品的生产周期。相比传统遥感或航测,无人机测绘还有如下优点。

1.测量灵活快速

无人机航测通常低空飞行,空域申请便利,受气候条件影响较小。对起降场地的要求限制较小,可通过一段较为平整的路面实现起降,在获取航拍影像时不用考虑飞行员的飞行安全,对获取数据时的地理空域以及气象条件要求较低,能够解决人工探测无法达到的地区监测功能。升空准备时间 15 min 即可、操作简单、运输便利。车载系统可迅速到达作业区附近设站,根据任务要求每天可获取数十至 200 km^2 的航测结果。

2.高时效和性价比

传统高分辨率卫星遥感数据一般面临两个问题:一是存档数据时效性差;二是编程拍摄可以得到最新的影像,但一般时间较长,同样时效性相对也不高。无人机航拍则可以很好地解决这一难题,工作组可随时出发,随时拍摄,相比卫星和有人机测绘,可做到短时间内快速完成,及时提供用户所需成果,且价格具有相当的优势。相比人工测绘,无人机每天至少几十平方千米的作业效率必将成为今后小范围测绘的发展趋势。

3.监控区域受限制小

我国幅员辽阔,地形和气候复杂,很多地区常年受积雪、云层等因素影响,导致卫星遥感数据的采集受一定限制。传统的大飞机航飞国家有规定和限制,如航高大于 5 000 m,这样就不可避免地存在云层的影响,妨碍成图质量。另外还有一定的危险,在边境地区也存在边防的问题,而无人小飞机就很好地解决了这些问题。低空飞行,成像质量、精度都远远高于大飞机航拍。

4.成果输出数字化及多样化

系统携带的数码相机、数字彩色航摄相机等设备可快速获取地表信息,获取超高分辨率数字影像和高精度定位数据,生成 DEM、三维正射影像图、三维景观模型、三维地表模型等二维、三维可视化数据,便于进行各类环境下应用系统的开发和应用。数字摄影测量产品可加工性强,根据工作的需要可输出多种成果,并可利用软件直接编绘系列图和各种专题图,编图过程中只是改变了比例尺和做适当的综合取舍,数学精度不会降低。数字摄影测量的最大缺点在于难以对隐蔽部位及地形、地物复杂部位(如荫影遮盖部位及杂乱无章的居民地等)准确采集数据;对于1:500地形图数字摄影测量而言,对这些地方的准确测绘是内、外业测绘工作的难点和薄弱环节,必须加强内、外业的合作,甚至在小的区域内全野外采集部分地物点。

另外,无人机摄影测量还存在如下不足:飞行高度较低,拍摄范围较小,续航能力有限,作业范围受控制器限制,拍摄的海量图像给数据处理带来了压力。

第二节　倾斜摄影测量技术要求

一、飞行平台的性能要求

目前,市场上无人机的种类繁多,按照动力系统可以区分为内燃机动力和电池动力;从飞行实现方式上可以区分为固定翼和旋翼(单旋翼、多旋翼)。由于飞行平台自身的振动问题,在成像质量上电池动力优于内燃机动力;在作业效率和续航时间上,固定翼优于旋翼;在飞行稳定性上,旋翼优于固定翼。由于无人机用途不同,其性能标准也不一样。测绘型无人机对飞行标准要求更高,可以在载重、巡航速度、实用升限、续航时间、安全性和抗风等级等方面做出限定。

例如:无人机最低载重 2 kg;多旋翼无人机巡航速度大于 6 m/s,固定翼无人机巡航速度大于 10 m/s;电池动力续航时间大于 30 min,内燃机动力续航时间大于 1 h;抗风性要求不低于 4 级风速;无人机实用升限能达到 1 000 m 以上,海拔高度不低于 3 000 m。

二、倾斜相机的性能要求

《低空数字航空摄影规范》(CH/Z3005—2010)对测绘航空摄影也就是垂直摄影的像片倾角有如下规定:倾角不大于 5°,最大不超过 12°。现有的航测软件处理能力已经有了很大提升,可以在这个标准的基础上,把倾角 15°以上的都划归到倾斜摄影的范畴。倾斜摄影发展到今天,倾斜相机不再限定相机镜头的数量。倾斜相机的关键技术指标是获取不同角度影像的能力和单架次作业的广度和深度。这包括五镜头、三镜头、双镜头等多镜头相机及可以调整相机拍摄角度的单相机系统。在无人机航测标准中,要求航测相机像素不低于 3 500 万,在倾斜摄影中可以不对单一相机的像素进行限定,而对一次曝光获取的影像像素进行控制。倾斜相机的性能要求可以从获取影像的能力、作业时间、曝光功能、续航时间、POS 记录功能等方面做出限定。例如:①倾斜摄影一次曝光采集的像素越高越好,但要根据设备成本考量,单个镜头不低于 2 000 万像素,一次曝光不低于 1 亿像素;②作业时间至少能满足 90 min,最好具备全天候的作业能力;③有定点曝光功能,确保影像重叠度满足要求。

考虑到无人机航摄时的俯仰、侧倾影响,无人机倾斜摄影测量作业时在无高层建筑、地形地物高差比较小的测区,航向、旁向重叠度建议最低不小于70%。要获得某区域完整的影像信息,无人机必须从该区域上空飞过。以两栋建筑之间的区域为例,如果这两栋建筑由于高度对这个区域能形成完全遮挡,而飞机没有飞到该区域上空,那么无论增加多少相机都不可能拍到被遮区域,从而造成建筑模型几何结构的黏连。

控制测量是为了确保空中三角测量(简称"空三")的精度,确定地物目标在空间中的位置。在常规的低空数字航空摄影测量外业规范中,对控制点的布设方法都有详细的规定,这是确保大比例尺成图精度的基础。与传统摄影技术相比,无人机倾斜摄影测量技术在影像重叠度上要求更高。

无人机倾斜摄影测量技术能够提供三维点云、三维模型、正射影像、数字表面模型等多种成果形式。其中,由于三维模型具有真实、细致、准确的特点,也被称为真三维模型。同时,也可以将这种实景三维模型当作一种新的基础地理数据来评定,包括位置精度、几何精度及纹理精度三个方面。

三、航摄高度的确定

无人机倾斜摄影的飞行高度是航线设计的基础。航摄高度需要根据任务要求选择合适的地面分辨率,然后结合倾斜相机的性能,按照下式计算:

$$H = f \times \text{GSD}/\alpha \tag{6.1}$$

式中:H 为航摄高度,m;f 为镜头焦距,mm;α 为像元尺寸,mm;GSD 为地面分辨率,m。

四、航摄重叠度的设置

《低空数字航空摄影规范》规定"航向重叠度一般应为60%～80%,最小不小于53%;旁向重叠度一般应为15%～60%,最小不小于8%"。在无人机倾斜摄影时,旁向重叠度是明显不够的。不论航向重叠度还是旁向重叠度,按照算法理论建议值是66.7%。可以区分为建筑稀少区域和建筑密集区域两种情况来进行介绍。

(1)建筑稀少区域。考虑到无人机航摄时的俯仰、侧倾影响,无人机倾斜摄影测量作业时在无高层建筑、地形地物高差比较小的测区,航向、旁向重叠度建议最低不小于70%。要获得某区域完整的影像信息,无人机必须从该区域上空飞过。以两栋建筑之间的区域为例,如果这两栋建筑由于高度对这个区域能形成完全遮挡,而飞机没有飞到该区域上空,那么无论增加多少相机都不可能拍到被遮区域,从而造成建筑模型几何结构的黏连。

(2)建筑密集区域。建筑密集区域的建筑遮挡问题非常严重。航线重叠度设计不足、航摄时没有从相关建筑上空飞过,都会造成建筑模型几何结构的黏连。为提高建筑密集区域影像采集质量,影像重叠度最多可设计为80%～90%。当高层建筑的高度大于航摄高度的1/4时,可以采取增加影像重叠度和交叉飞行增加冗余观测的方法进行解决。如著名的上海陆家嘴区域倾斜摄影,就是采用了超过90%的重叠度进行影像采集以杜绝建筑物互相遮挡的问题。影像重叠度与影像数据量密切相关。影像重叠度越高,相同区域数据量就越大,数据处理的效率就越低。所以在进行航线设计时还要兼顾二者之间的平衡。

五、区域覆盖设计

"航向覆盖超出摄区边界线应不少于两条基线。旁向覆盖超出摄区边界线一般不少于像幅的 50％"，这是原规范在航摄区域边界覆盖上的保证，但在无人机倾斜摄影时是明显不够的。理论上，需要目标区域边缘地物能出现在像片的任何位置，与测区中心地区的特征点观测量一样。考虑到测区的高差等情况，可以按照下式来计算航线外扩的宽度：

$$L = H_1 \times \tan\theta + (H_2 - H_3) + L_1 \tag{6.2}$$

式中：L 为外扩距离；H_1 为相对航高；θ 为相机倾斜角；H_2 为摄影基准面高度；H_3 为测区边缘最低点高度；L_1 为半个像幅对应的水平距离。

第三节　无人机摄影测量的实施

影像控制点的目标影像应清晰，选择在易于识别的细小现状地物交点、明显地物拐角点等位置固定且便于量测的地方。条件具备时，可以先制作外业控制点的标志点，一般选择白色（或者红色）油漆画十字形标志，并在航摄飞行之前试飞几张影像，确保十字标志能在倾斜影像上正确辨识。控制点测量完成后，要及时制作控制点点位分布略图、控制点点位信息表，准确描述每个控制点的方位和位置信息，便于内业刺点使用。

为了提高航空测量的整体质量，应当在测量前进行必要的规划，操作人员应当根据已经掌握的资料对测量区域进行划分，明确测量区域的基本情况，找出测量的重点，对测量工作尽可能细致地划分，以免出现测量不准确的问题。测量时还要找出不合理的地方，保证测量与实地情况相匹配。在测量时还要避免出现无人机拍摄不到的情景，注重消除测量遗漏等问题的出现。因此，对测量区域的固形状进行分析，划分具体的测量矩形或方形，这样才能提高测量操作的效率。

通过实际调查发现，大多数的工程测量项目，在进行航空飞行拍摄过程中，都会借助多台无人机设备同时拍摄。为了更好地使多台无人机同步飞行拍摄，首先，必须保证无人机拍摄画面具备较高的准确度；其次，对于在同一空间范围内的多台无人机，要谨防飞行过程出现碰撞等事故，因此做好事先的飞行航线设计工作不容忽视。在无人机航空飞行线路设计过程中，还要考虑到无人机不能长时间飞行，从无人机飞行时长出发确定好合理的飞行线路。

所谓构建测量范围的控制网，主要就是在被测量区域内，利用控制测量布点形式构建相应的三角测量平差网。在该控制网络当中，工作人员可以围绕已经被控制的布点，在测区内实地测定用于空中三角测量网的加密或直接用于测图定向的像片控制点平面位置和高程，以便后期在室内进行控制点加密。借助计算测图的作用，能够促使诸多控制点以及像片外方位元素，促使 4D 产品高质量生产；同时，借助同一的坐标点，还能够为测图提供便利，进而为接下来计算模型中的地面点打下坚实的基础。在设置测量范围内的控制网过程中，工作人员必须基于大环境角度下，全面地将无人机航空摄影测量的所有环节进行覆盖，强调被测量范围的测量效率，严防实际测量工作当中发生任何问题，从而保证最终得到高质量的测量结果。

一、像点标志

在整个像控布设环节,像控标志类型、尺寸大小及和布设位置至关重要。

1. 标志的类型

首先,从用途来说,像控点是模型成果坐标转换的依据。其反映在技术流程上,外业中,需要实测标志点平面坐标和高程;内业中,在空中三角测量环节,用于像片刺点。因此,像控标志的识别度、反射光的程度、与周边地物色差大小都是需考虑的。除了道路已有交通标志线角点和明显清晰线性地物交点。

2. 标志尺寸

以无人机的空中视角来说,地面标志相当小,不同分辨率的照片对地面标志的大小要求不同,经实践测试,地面分辨率 2～3 cm 时,地面标志宜在 60 cm×60 cm 以上的尺寸,在无人机拍摄的像片上才能清晰可见。

3. 位置选择

以五镜头相机为例,其倾斜角度一般为 45°,倾斜视线很容易被遮挡,除了大树、高楼和途径车辆,还会被高茎杂草、电力线所遮盖,当高空拍摄像片时,以像素为单位进行处理,因此,在选择点位时,需避开上述遮挡物。

另外,为防止人为破坏,布设可移动标志时还需考虑尽量远离人为活动频繁的区域。

二、布设流程

1. 像控预布设

在项目准备阶段,需要对测区概况有所了解。通常借助卫星图进行像控点位的预布设,秉持"角点布设,中间加密,均匀布设"的原则,设计像控点位。外业中,可通过手机定位实现预设点位"放样"。

2. 像控实地测设

将预先布设的点位,放样至实地,并于电子地图标记位置、拍摄照片作为点之记,以便后续查找、对照和检查。坐标采集多采用 RTK(Real-Time Kinematic,实时动态载波相位差分技术)获取。

3. 点位补测

在工程实际中,像控标志被人为毁坏或遮盖的情况屡见不鲜,因此需要做好事后点补测工作,保证该处有点,以便构建区域网,达到控制误差累积的效果。

4. 像控数据检查

其一,检查本地坐标点位是否与已有地形图坐标系一致,相对位置关系是否正确。像控坐标成果好坏至关重要,需及时检查,以免坐标系不符合要求或点位、点号错误。其二,检查像片上是否清晰可见像控标志。如像控标志被遮盖或毁坏的问题,可通过查看对应位置像片,及时检查出来,进而提出外业补救方案

5. 内业刺点

刺点,即在多视角、多幅像片上精确标记出同名控制点的位置。后续通过空中三角测量解算,将整体坐标纠正至本地坐标系或其他平面坐标系。刺点原则可概括为"虚实结合像素点、不刺过曝像片、不刺像片边缘",尽量多镜头像片皆刺点。

三、空中三角测量

以 Context Capture 自动建模系统为例,讲解空中三角测量的相关要求。

1.像片刺点

将野外测量的控制点信息,按照实际位置刺到自动建模系统中,这个工作叫作像片刺点。刺点位置一般是十字交叉的中心、直线的左右角点或直角的内角点,如斑马线的左右角点,根据影像分辨率和斑马线的宽度,估算角点所占的像素,把影像缩放到合适的大小完成刺点。

2.空三计算

该系统中空三计算是自动完成,采用光束法区域网整体平差方法进行的,即以一张像片组成的一束光线作为一个平差单元,以中心投影的共线方程作为平差单元的基础方程,通过各光线束在空间的旋转和平移,使模型之间的公共光线实现最佳交会,将整体区域最佳地嵌入到控制点坐标系中,从而恢复地物间的空间位置关系。

3.空三精度

在《数字航空摄影测量空中三角测量规范》中,对相对定向中像片连接点数量和误差有明确的规定,但在无人机倾斜摄影空三中没有相对定向的信息,单个连接点的精度指标也未体现,不能完全照传统空三那样去挑粗差点,可以从像方和物方两个方面来综合评价空三的精度。物方的精度评定比较常用,就是对比加密点与检查点(多余像片控制点,不参与平差)的坐标差;像方的精度评定,通过影像匹配点的反投影中误差来进行控制。空三常规的精度指标只能表现整体的精度范围,却不能看到局部的精度问题,通过外方位元素标准偏差更能全面地表现。通俗来讲,空三运算的质量指标包括:是否丢片,丢的是否合理;连接点是否正确,是否存在分层、断层、错位;检查点误差、像控点残差、连接点误差是否在限差以内。

4.三维模型质量

无人机倾斜摄影测量技术能够提供三维点云、三维模型、真正射影像(TDOM)、数字表面模型(DSM)等多种成果形式,其中三维模型具备真实、细致、具体的特点,通常称为真三维模型。可以将这种实景三维模型当作一种新的基础地理数据来进行精度评定,包括位置精度、几何精度和纹理精度3个方面。

四、精度评判

1.位置精度

三维模型的位置精度评定跟空三的物方精度评定有类似之处,通过比对加密点和检查点的精度进行衡量。在控制点周边比较平坦的区域,精度比对容易进行;在房角、墙线、陡坎等几何特征变化大的地方,模型上的采点误差比较大,精度衡量可靠性降低,可以联合影像作业,得到最终的成果矢量或模型数据再进行比对。

2.几何精度

传统手工建模可以自由设计地物的几何形状,而真三维自动化建模,影像重叠度越大的地方地物要素信息越全,三维模型的几何特征就越完整。反之,影像重叠度不够可能出现破面、漏面、漏缝、悬空、楼底和房檐拉花等情况,影响地物几何信息的完整表达。这种属于原理性问题,无法完全避免,可以按照下面的方法进行评定。在三维模型浏览软件中参照航拍角度固定浏览视角,同时拉伸到与实际分辨率相符的高度去查看模型,看不出明显的变形、拉花即可判定为合格,反之为不合格。

3.纹理精度

真三维建模完全依靠计算机来自动匹配地物的纹理信息,由于原始影像质量不同,导致匹配结果可能存在色彩不一致、明暗度不一致、纹理不清晰等情况。要提高纹理精度就必须提高参加匹配的影像质量,剔除存在云雾遮挡覆盖、镜头反光、地物阴影、大面积相似纹理、分辨率变化异常等问题像片,提高匹配计算的准确度。

第四节　无人机摄影测量数据处理范例

ContextCapture,简称 CC,是一款可由简单的照片和/或点云自动生成详细三维实景模型的软件。ContextCapture 的高兼容性,能对各种对象、各种数据源进行精确无缝重建,从厘米级到千米级,从地面或从空中拍摄。只要输入照片的分辨率和精度足够,生成的三维模型可以实现无限精细的细节。在空三计算、模型构建、纹理贴图等方面都有独到的优势。

一、空中三角测量

下面以 CC 数据处理为例,介绍无人机倾斜摄影测量数据处理流程。

首先,需要完成无人机摄影测量的数据采集工作,将其导入到电脑中。本次任务是采用大疆精灵 4 采集的影像数据。

安装好软件后,打开 ContextCapture Master,界面如图 6.2 所示。

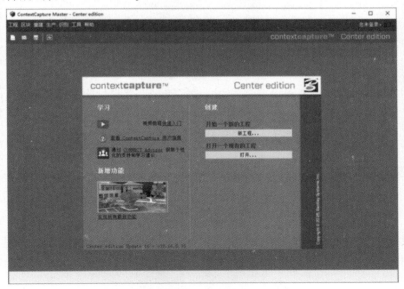

图 6.2　ContextCapture 启动界面

点击新工程按钮,新建工程。注意目前版本不支持中文名称,不能输入中文,否则会出现无法执行的错误。新建工程如图6.3所示。工程界面如图6.4所示。

图6.3 新建工程

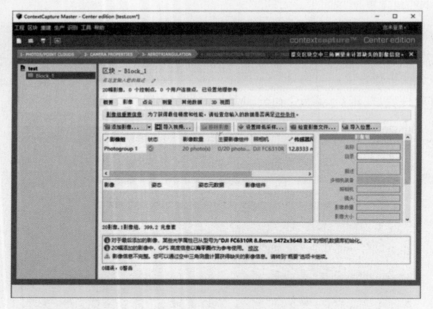

图6.4 工程界面

在工程页面的影像面板中,点击"添加影像…",引入前面拍摄的图像。返回到概要页面,点击提交空中三角测量按钮。此处选择第一个使用ContextCapture引擎处理,如图6.5所示。

提交空中三角测量后,将弹出任务区块名称设置。此处采用默认名称。点击"下一步",如

图 6.6 所示。

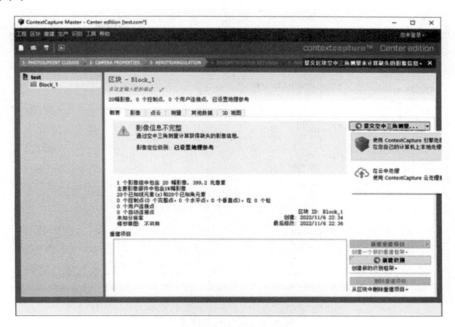

图 6.5　"提交空中三角测量…"

图 6.6　定义空中三角测量区块名称

进入定位/地理参考面板,此处采用默认配置即可。继续点击"下一步",如图 6.7 所示。

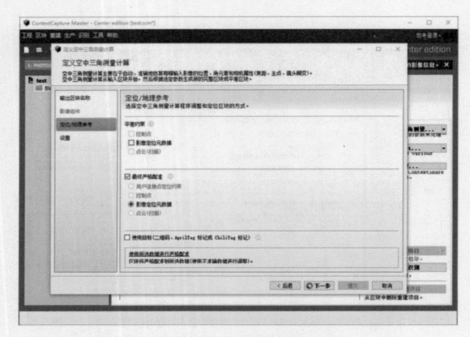

图 6.7　定位与地理参考

在设置页面,可以设置关键点密度、目标提取、像对选择模式等参数。此处也采用默认值。然后点击"提交"按钮,如图 6.8 所示。

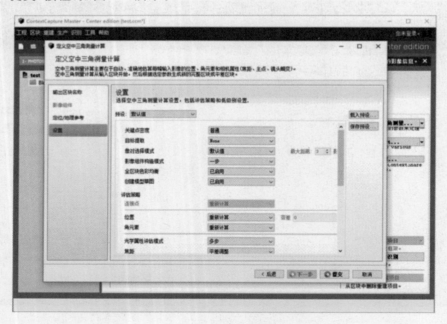

图 6.8　平差设置

此时回到了主界面,出现了提示:"等待进行空中三角测量计算⋯"。出现这样的原因是CC 采用 ContextCapture Engine 来进行大量的计算任务。因此,需要打开该计算引擎,如图

6.9 所示。

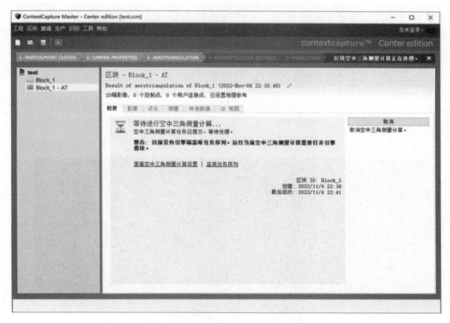

图 6.9 没有引擎提示

在 Bentley 菜单目录下，找到红色图标的 ContextCapture Engine，点击"打开"，如图 6.10 所示。

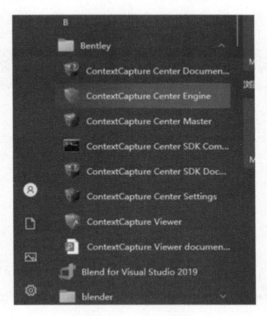

图 6.10 启动 ContextCapture 计算引擎

此时将弹出一个黑框页面，同时 ContextCapture Master 中的进度条显示开始执行，如图 6.11 所示。

图 6.11 空三计算过程

二、三维重建

空三计算完成后，就可以进行三维重建了。在主界面右下方点击"新建重建项目"，选择第一个三维重建菜单，如图 6.12 所示。

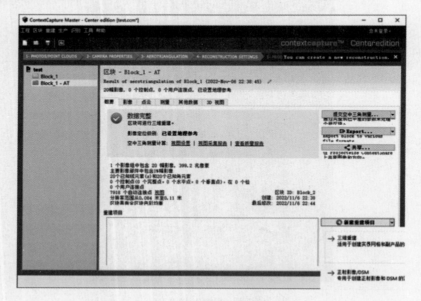

图 6.12 新建重建项目

主界面的左边树形结构将出现子节点"Reconstruction_1"。在空间框架页面，需要注意切块选项,需要的最大内存不可超过本机内存大小,否则会执行失败,如图 6.13 所示。

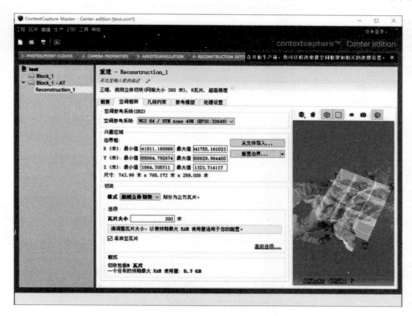

图 6.13　空间框架

　　设置完成后,回到概要页面,在右下角点击"提交新的生产项目"按钮。选择"使用 ContextCapture 引擎处理",如图 6.14 所示。

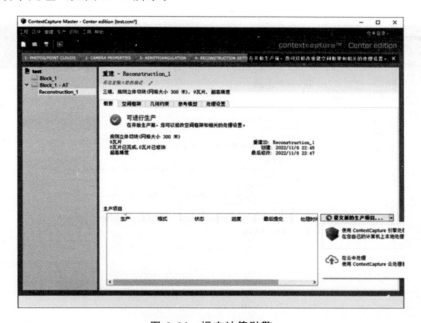

图 6.14　提交计算引擎

　　此时将弹出生产项定义窗口。输入生产项目的名称。点击"下一步"按钮,如图 6.15 所示。

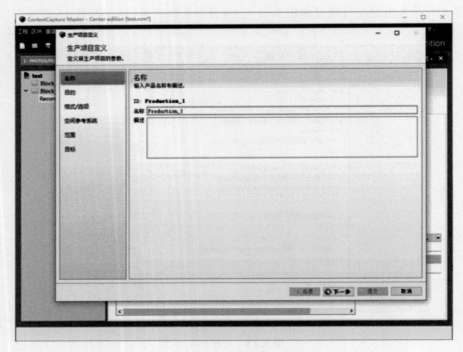

图 6.15　定义生产项

在目的页面,选择三维格网。点击"下一步"按钮,如图 6.16 所示。

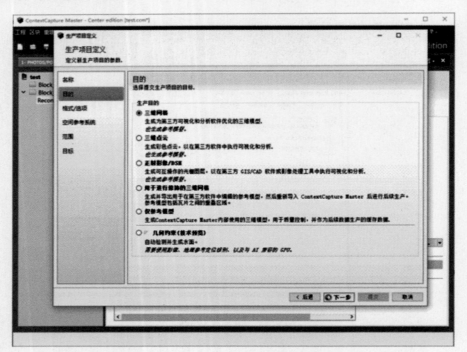

图 6.16　三维网格

在格式/选项面板中,可以选择输出的格式,此处选择"默认"格式。点击"下一步"按钮,如图 6.17 所示。

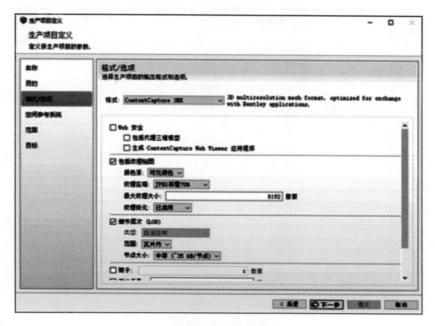

图 6.17　生产项目定义

在空间参考系统中,可以选择空间参考系统,此处选择 WGS 84/UTM 坐标系,如图 6.18 所示。

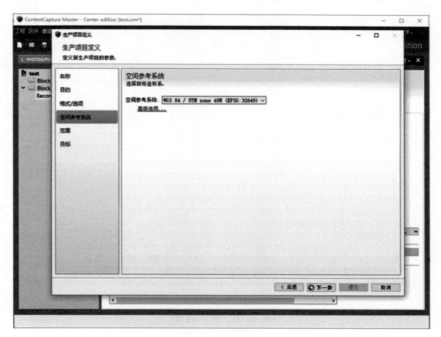

图 6.18　空间参考

在范围页面,可以定义输出的边界框,如图 6.19 所示。

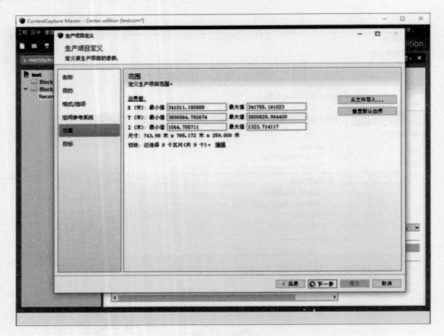

图 6.19　范围设置

最后可以选择输出目录,如图 6.20 所示。

图 6.20　输出目录

提交计算后,ContextCapture Engine 开始工作。视具体的数据大小和计算机配置情况,需要数分钟到几十小时不等,如图 6.21 所示。

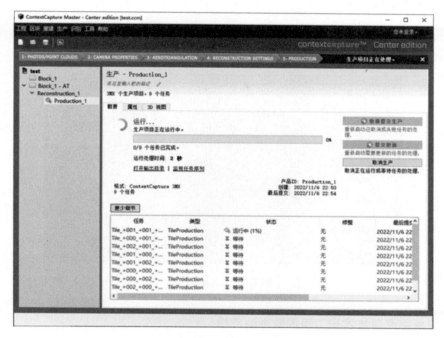

图 6.21　计算中

等计算完成后,就可以查看结果了,如图 6.22 所示。

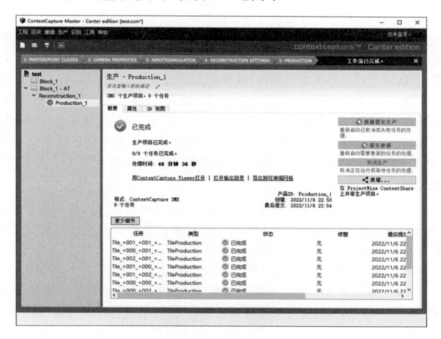

图 6.22　处理完毕

三、查看三维建模结果

直接点击页面的"用 ContextCapture Viewer 打开"链接,就可以查看三维建模结果,如图 6.23 所示。

图 6.23　三维模型

四、航空摄影测量技术在工程测绘中的应用

1. 像控测量

在实际测量中,针对工程项目有效成图范围,相关人员应合理布置工程项目像控点,尤其是工程项目的中心位置及四周范围,需结合工程项目实际情况,设置不少于 20 个的控制点,并保证各个控制点均设置为平高点,进而保证像控测量质量。在实际测量中,相关人员应严格遵守以下规范及要求,即像控点位置选择规范、满足 GPS 观测要求等。具体而言,针对像控点位置选择规范,应选择工程项目顶点或拐角处,保证工程项目的交角状况良好,使影像距离大于 0.2 mm。在像控点布置中,高程位置不能产生较大变化。同时,对于工程项目像控点,相应刺点目标影像应保证清晰。在实际测量中,对于工程项目环境而言,应满足 GPS 观测要求,将接收设备安装在工程项目视野宽阔的地方,并保证接收设备周围并不存在较大范围的遮挡。如此,在无人机航空测量中,相应的远景及近景都可获取高质量成像,进而保证后续测量效果。

2. 数据采集

在工程项目测量中,对于测量数据采集,相关人员应对比参照无人机的航空拍摄信息。在此期间,针对立体影像模型,可运用 Mapmatrix 软件,有效解析工程项目的地形要素。在工程项目地形要素分析中,针对要素实体,相关人员应采用点、线、面形式,标注采集到的图形信息,并实现分层存放。在外业测量中,相关人员难以准确判读错误要素,应针对相关要素,进行重新调查,进行正确要素的补充工作。在数据采集中,相关人员应依据航摄像片信息及辅助材料,有效运用 Mapmatrix、软件,做好地形要素的判读工作,若存在判读有误、判读疑问、无法判读等方面的情况,就应做好补充调查工作。由此,在工程项目测量中,相应数据采集方能真正反映工程项目的真实情况,使工程项目工作人员透彻掌握相关信息。

3. 数据处理

在无人机航空摄影测量技术的应用过程中,数据处理工作对测量技术应用成效具有直接影响。随着近年来测量技术应用范围的不断扩大,为确保信息处理的有效性和科学性,在对数据进行处理时,为从根本上提高处理质量和处理精准度,工作人员可采取运动回复结构算法,并通过将其与计算机视觉与摄影测量学原理相结合,从而确保无人机航空摄影测量技术在使用时,即使缺少相机检校参数,也能建立较为精准的三维模型来校正数据,以此来满足后期工程的制图要求。

第七章 地理信息产品精度评估

精度评估是采用数学方法评估测绘地理信息定位精度的过程。遥感影像从采集到生成正射影像、正射影像地图的过程中,不可避免存在着测量误差。定位精度是衡量正射影像、正射影像地图等地理信息产品质量的重要指标。本章首先介绍误差的相关概念,结合正射影像和正射影像地图的制图流程,详细论述其精度评估方法。

第一节 误差的相关概念

在一定测量条件进行的观测,其结果往往带有误差。误差是相对真值而言的。反映一个量真正大小的绝对准确的数值,称为这一量的真值。通过量测直接或间接得到的一个量的大小称为这个量的观测值。由于误差的存在,以一定精确程度反映观测量大小的数值,为此量的近似值或称为估计值,简称估值。一个量的观测值或着平差值,都是此量的估值。在测量过程中,误差是不可避免的,要确定测量结果的精度,就需要分析产生误差的原因,按照不同成因的误差源,估计测量结果的精度。

一、测量误差产生的原因

测量误差来自于测量过程中使用的仪器、观测者和测量环境的影响。测量结果总是存在着差异,不可完全避免。

1. 测量仪器

测量过程中使用的仪器的精密度以及仪器本身校正不完善而导致测量结果受到影响。

2. 观测者

观测者的感官能力存在差异,比如人眼的差异、观测者的技术熟练程度、测量细致程度等在测量的过程中会产生误差。

3. 测量环境

测量过程所处的环境,如地球大气的气压、风力、湿度、温度、大气折光等因素的变化都会对测量结果直接产生影响。

二、测量误差的分类

测量误差从其对测量结果影响的性质分析是有区别的,可分为偶然误差、系统误差和粗差三类。

1. 偶然误差

在相同的测量条件下,对某量进行一系列的观测,若观测误差的数值大小和符号上都表现出偶然性,即从单个误差看,误差的大小和符号没有规律,但就大量误差的总体而言,具有一定的统计规律,这种误差称为偶然误差。测绘成果误差及精度评估通常是对偶然误差而言的。

2. 系统误差

在相同的观测条件下对某量进行一系列观测,若观测误差的数值大小和符号呈现出一致性倾向,即按一定规律变化或保持常数,这种误差称为系统误差。系统误差具有积累性,对测量成果影响甚大,可以通过测量流程设计或者测量方式改进将它消除或减弱。

3. 粗差

粗差是指在正常观测条件下出现的较大误差,这类误差量级远超过系统误差和偶然误差的量级,如测量人员不规范的操作引入的误差。粗差很容易被发现并消除。

三、评估精度的指标

误差分布的密集或离散的程度是精度,即误差离散度的大小。精度指标是指能反映误差分布密度或离散程度的数值。常见的精度指标有中误差、极限误差、相对误差等。

1. 中误差

中误差,记为 m_Δ,其计算公式为

$$m_\Delta = \pm\left(\frac{\sum_{i=1}^{n}\Delta_i^2}{n}\right)^{\frac{1}{2}} \tag{7.1}$$

式中:Δ_i 可以是同一个量观测值的真误差,也可以是不同量观测值的真误差,但必须都是等精度的同类观测值的真误差;n 为 Δ_i 的个数。

2. 极限误差

在一定的观测条件下,偶然误差的绝对值范围不会超过一定的限值,这个限值就是极限误差。在等精度观测条件下的一组偶然误差中,误差出现在 $[-\sigma,+\sigma]$、$[-2\sigma,+2\sigma]$、$[-3\sigma,+3\sigma]$ 区间内的概率分别为

$$\left.\begin{array}{l} P(-\sigma \leqslant \Delta \leqslant +\sigma) \approx 68.3\% \\ P(-2\sigma \leqslant \Delta \leqslant +2\sigma) \approx 95.5\% \\ P(-3\sigma \leqslant \Delta \leqslant +3\sigma) \approx 99.7\% \end{array}\right\} \tag{7.2}$$

测量工作中通常规定 2 倍或 3 倍中误差作为偶然误差的限值,超过该限值的误差作为粗差。

3. 相对误差

在精度评估时,有些观测量的精度不能单纯用中误差来表示。如在距离测量中,分别测量了 1 000 m 和 1 m 的两段距离,中误差均为 ± 1 m。如果采用中误差衡量测量精度,则这两次测量的精度相同。这显然不合理,在精度评估中类似这样的问题应当采用相对误差来评估精度。相对中误差是观测值的中误差的绝对值与观测值的比值,记为 k,并将其化成分子为 1 的分数,即

$$k = \frac{|m|}{d} = 1 \Big/ \frac{d}{|m|} \qquad (7.3)$$

式中：m 为观测值的中误差；d 为观测值。

距离测量中，1 000 m 距离，中误差均为 ± 1 cm，其相对误差 k_1 为

$$k_1 = \frac{|0.01|}{1\ 000} = \frac{1}{100\ 000} \qquad (7.4)$$

1 m 距离，中误差均为 ± 1 cm，其相对误差 k_2 为

$$k_2 = \frac{|0.01|}{1} = \frac{1}{100} \qquad (7.5)$$

四、误差的传播

在实际工作中，不是所有的量都能直接测量，它们是通过观测其他多个观测量，间接计算求得的。正如一幅地图的定位误差，与其制图数据源包含的误差、地图制图过程中产生的各类误差构成函数关系。要求得这类观测值的中误差，需要根据函数关系计算中误差。

设 z 是独立观测量 $x_1, x_2, \cdots, x_n$ 的函数，即

$$z = F(x_1, x_2, \cdots, x_n) \qquad (7.6)$$

已知独立观测值 $x_i(i=1,2,\cdots,n)$ 的中误差为 $m_i(i=1,2,\cdots,n)$，求观测值函数 z 的中误差 m_z。当 x_i 的相应观测值 $l_i(i=1,2,\cdots,n)$ 在真误差 Δx_i 时，则函数 z 产生相应的真误差 Δz。

由数学分析可知，变量的误差与函数的误差之间的误差传播关系为

$$\Delta z = f_1 \Delta x_1 + f_2 \Delta x_2 + \cdots + f_n \Delta x_n \qquad (7.7)$$

$$m_z = \sqrt{f_1^2 m_1^2 + f_2^2 m_2^2 + \cdots + f_n^2 m_n^2} \qquad (7.8)$$

式(7.8)称为误差传播定律。根据该公式，可以发现各类观测值的误差具有可积累性，即使是小的局部误差也可导致函数计算结果的整体误差值增大，因此要注意控制和调整计算过程中涉及的各类观测量的误差大小，确保最终结果符合精度要求。

对地图定位精度的评估需要结合地图制图的全过程，分析其使用的数据的定位精度、

第二节　数字正射影像产品定位精度的评估

一、数字正射影像图定位精度评估

数字正射影像图定位精度评估可以使用外业实测 GPS 检查点、生产单位提供控制点或使用大于 1∶10 000 比例尺的地图评估数字正射影像精度。进行精度评估的过程是将检测点坐标与在被评估正射影像上的同名点进行坐标比较，统计出检测点的平面定位中误差。

数字正射影像精度通常使用平面位置绝对定位精度描述，绝对定位精度用影像像点与对应地面点间的平面位置中误差表示。特殊情况（沙漠、戈壁、冰川、森林等影像资料质量欠佳的情况）下的平面位置中误差可按放宽到 1.5 倍，两倍中误差为最大误差。

在评估过程中，分别在待评估数字正射影像上选择与地面控制点（或参考影像上）对应的同名点，计算出检测点平面位置中误差。表 7.1 展现了具体评估的过程。

设在高斯投影坐标系下,纠正影像上的同名点坐标为 $x(N)_i, y(E)_i$；N 表示投影坐标系北坐标,E 表示投影坐标系东坐标。参考影像对应的同名点坐标为 $X(N)_i, Y(E)_i$。数字正射影像平面位置精度评估表见表 7.1。

表 7.1　数字正射影像平面位置精度评估表

序号 i	纠正影像坐标		参考影像坐标		坐标误差		点位误差
	$x(N)_i$	$y(N)_i$	$X(N)_i$	$Y(N)_i$	ΔX_i	ΔY_i	ΔP_i
1	5 180 203.09	558 990.81	5 180 199.01	558 991.42	4.09	−0.61	4.13
2	5 180 304.63	559 279.90	5 180 300.34	559 280.10	4.29	−0.20	4.29
3	5 180 123.82	559 502.38	5 180 123.62	559 499.73	0.20	2.66	2.66
4	5 180 084.80	559 442.11	5 180 085.21	559 440.79	−0.41	1.33	1.39
5	5 179 847.20	559 759.81	5 179 853.73	559 745.91	−6.54	13.89	15.35
...	...	...	...	...	...	...	...
m_0	±8	m_X	±3.94	m_Y	±5.37	m_P	±6.66
m	±10.41						

表中:n 为检测点个数,$i=1,2,\cdots,n$。

1. 第 i 个点的位置偏差计算

(1)相对北方向偏差:

$$\Delta X_i = x(N)_i - X(N)_i \tag{7.9}$$

(2)相对东方向偏差:

$$\Delta Y_i = y(N)_i - Y(N)_i \tag{7.10}$$

(3)相对平面位置偏差:

$$\Delta P_i = \pm\sqrt{\Delta X_i^2 + \Delta Y_i^2} \tag{7.11}$$

2. n 个点的位置偏差统计

(1)相对北方向偏差中误差:

$$m_X = \pm\sqrt{\sum_i^n (\Delta X_i - \overline{\Delta X}_i)/n} \tag{7.12}$$

(2)相对东方向偏差中误差:

$$m_Y = \pm\sqrt{\sum_i^n (\Delta Y_i - \overline{\Delta Y}_i)/n} \tag{7.13}$$

(3)相对平面位置中误差:

$$m_P = \pm\sqrt{m_X^2 + m_Y^2} \tag{7.14}$$

3. 待评估的正射影像平面精度评估

设:参考影像平面位置精度为 m_0,待评估的正射影像绝对平面位置精度为

$$m = \pm\sqrt{m_0^2 + m_P^2} \tag{7.15}$$

二、遥感制图成果中的误差

遥感制图过程中，通常需要使用一幅精度较高的地形图或者早期的正射影像作为参考基准，我们称之为底图。选择底图后将新拍的遥感影像以底图为基准进行集合纠正。纠正后的的影像再经过地物地貌等要素的矢量化，得到地物轮廓和位置信息，按照制图流程完成地图绘制。这一过程涉及多个环节，会产生多种误差。首先是搜集原始测绘资料并对资料加工处理，其中搜集的原始资料和数据存在误差，底图的误差引入到新成果内；在地图制作过程中出于人员操作和仪器的原因，在地物矢量化过程中不可避免地产生误差，最终对地图上点位的定位精度造成影响。这些误差归纳起来主要包括原图误差、制图误差、点位加绘误差、坐标转换误差、定位点坐标采集误差和高程异常误差等。

1.原图误差

在制图过程中，需要利用已经出版的地形图作为制图底图。使用的地形图其自身带有误差。制图过程中，首先要对底图的精度进行评估，需要分析底图，确定其误差大小，该误差在定位点精度评估环节中是点位的初始误差。

2.制图误差

制图误差是指对底图进行数字化采集时，所形成的点位坐标与原始底图上表示的点位坐标之间的偏差。其成因主要有两种：一是制图软件工具使用的智能跟踪点位匹配算法引起的误差；二是制图人员数字化手工操控过程由于人的差异而产生的偏差。这两种误差共同作用，都对制图成果精度产生影响，其最大值不超过图上 0.1 mm。0.1 mm 这个数值是根据人眼所能够分辨的最短距离而规定的。

3.点位加绘误差

新拍摄的遥感影像由于地物发生变化，需要将新变化的信息绘制到地图中，这一过程被称之为加绘或者修测。点位加绘误差是指对变化的区域进行修测的过程中，因转绘点位要素产生的误差。误差的来源主要受技术手段和资料精度的制约。技术手段影响是指制图软硬件平台、数学模型的精度以及作业流程的控制引入的误差；资料方面主要是底图精度、影像纠正精度、影像与地图的拟合精度等引入的误差。

4.坐标转换误差

如果制图过程中使用的数据或底图来自于不同的坐标系统，在使用这些资料前需要进行坐标转换。坐标换算误差是指不同坐标系统之间相互转换产生的误差。这类误差的大小是由坐标系转换时所采用的转换模型、选择的公共点的坐标精度及公共点分布结构而决定的。

5.定位点坐标采集误差

要从制图成果中获得特定点位的坐标，需要通过人工在已测制完成的地图上量算定位点的平面坐标和高程。这一过程会产生定位点坐标量取误差。这类误差包含平面位置误差和高程信息采集误差，其中平面位置采集误差来自于人工采集点位的匹配误差；高程信息采集误差来自于对不足一个等高距的点位高程的估读。

6.高程异常误差

制图成果中点位的大地高获取方式有多种方式。

（1）由实测大地高数据或现有大地高成果获得。点位的大地高如果有实测数据或者测量成果，其点位的大地高精度由实测数据精度决定。

（2）由正常高间接获得。如果使用的数据是点位的正常高数据，可以采用由点位正常高加该点位处的高程异常的方式得到点位的大地高：

$$H_{大} = H_{正常} + \xi \tag{7.16}$$

式中：ξ 为高程异常，在制图应用中采用地球引力位模型 EGM 计算得到。如采用 EGM2008 模型获取高程异常数据，从而在点位的大地高数据中引入了高程异常模型误差。

三、专题地图精度评估流程

专题地图精度评估主要流程包括起算数据表调制、地图数学基础正确性检查、点位坐标计算、产品精度评估、成果检查验收和资料整理归档等，其作业流程如图 7.1 所示。

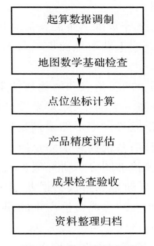

图 7.1　精度评估流程

1. 数学基础检查

数学基础检查是专用图精度检核的重要内容。数学基础错误将会导致点的坐标不正确。按照测绘产品质量检查的有关规定，测绘产品数学基础错误将被判为不合格产品。数学基础检查主要是检查绘制地图的大地坐标格网的正确性。

根据测绘制图的有关规定，图上绘制了 2000 中国大地坐标系格网。可以利用同名点控制卫星影像修测（编）而成，坐标计算前需对坐标系统转换的正确性检查。

地图的 2000 中国大地坐标系格网检查的方法是，分别在测制的图和另一幅大比例尺地形图上量取部分同名点（每幅原图不少于 3 个点）的坐标，将从大比例尺地形图上量取同名点坐标转换到 2000 中国大地坐标系，转换后的坐标与从测制图上量取的同名点的坐标比较，若坐标较差小于下式计算的限差，将证明测制图的 2000 中国大地坐标系格网正确，否则，应增加量取的点数，进一步分析原因；若确定测制图的 2000 中国大地坐标系格网存在系统误差或粗差时，提请制图单位修改地图。

$$\left. \begin{array}{l} \Delta B = 2 \times 0.1 \times 10^{-3} \sqrt{3L_{测制}^2 + 3L_{大比例}^2}\ \dfrac{\rho}{a} \\[4mm] \Delta L = 2 \times 0.1 \times 10^{-3} \sqrt{3L_{测制}^2 + 3L_{大比例}^2}\ \dfrac{\rho}{a\cos B} \end{array} \right\} \qquad (7.17)$$

式中：ΔB、ΔL 为大地坐标差分量限差，s；$L_{测制}$ 和 $L_{大比例}$ 分别为测制图、大比例尺地形图的比例尺分母；a 为参考椭球的长半轴，m；B 为点的大地纬度；ρ 为常数 206 265。

2. 精度评估

测图定位精度是根据误差传播定律对图上点位坐标的精度做出评估。

(1)平面精度评估。图上任意一点的 2000 中国大地坐标系的平面坐标利用地图图层文件计算得到，类似于从图上读取。专题图分为直接测制和修编（测）两种情况，制作方法不同，误差源亦不同，精度评估中考虑的误差项亦不同。平面误差的评估根据制图方式不同，分为直接测制的专题图和修编（测）的专题图。

直接测制专题图是利用最新的高分辨率卫星影像直接测制的。测制过程中，同时确定并绘出了地面定位点；从直接测制专题图上获取地面点平面坐标，其误差只包含专题图的成图误差，该项误差可从有关报告中获取。

修编（测）专题图是利用地形图上的三角点和明显地物点控制，纠正、配准影像并依据影像转绘。从修编（测）专题图上获取任意一点的坐标，其平面坐标误差包括地形图误差、系统换算误差、地物加绘误差和专题图制作误差等。地形图误差是制作专题图采用的原地形图的误差，可从有关地形图分析研究报告中查取；系统换算误差是原专题图的大地坐标系转换为 2000 中国大地坐标系的换算误差，可从有关地形图分析研究报告或大地坐标系分析研究报告中查取；地物加绘误差是地形图制作过程中转绘地物形成的误差，由地形图制作单位提供；专题图制作误差是地形图制作过程中放大、缩小和图廓线展绘产生的误差，按下式估算：

$$B_{制} = L_{制} = 0.25 \times 10^{-3} L_{专} \qquad (7.18)$$

式中：$B_{制}$ 和 $L_{制}$ 分别为专题图制作纬度误差和经度误差，m；$L_{专}$ 为专题图的比例尺。

(2)高程误差的评估。根据高程获取方式的不同分为：

1)直接测制的高程数据。采用立体像对成像采集高程的方式，对高程数据的评估有两种方法：一是利用控制点与其在 DEM 上的对应坐标点高程值进行比较，估计其高程中误差；二是利用立体模型点高程和影像上相应像点高程进行坐标比较，估计高程中误差。

2)大地高采用重力场模型和正常高数据计算得到，根据重力场模型的高程异常中误差和正常高中误差依据式(7.18)计算。

(3)成果检查验收及质量保证措施。专题图精度评估是测绘工作的重要的一环。为了保证制图精度，上述工作完成后，须对所形成的成果作以下检查：

1)起算数据的正确性检查。对精度评估中使用的不同大地坐标系转换参数、地图精度参数和加绘误差逐项检查校对，保证计算中使用的起算数据正确。

2)计算过程数据的正确性检查。采集任一图中点的坐标和高程，对其正确性进行抽查，确保不会产生系统性错误。

3)数据一致性检查。对计算中形成的不同成果的一致性进行检查，保证计算资料一致。

4)数据资料的完整性检查。计算资料包括多种表格，有电子和纸质两种形式。计算资料上交或提供前，要根据制图单位和资料存档的不同要求认真检查。

四、专题地图精度评估

专题地图最终的定位误差是原图误差、制图误差、加绘误差、坐标转换误差、定位点坐标采集误差和高程异常误差等误差的综合体现。根据误差量级来看,原图误差、坐标转换误差、高程异常误差和加绘误差是影响未知点位精度的最主要因素。这类误差还可区分为水平位置误差和高程精度误差。在制图过程中采取各种措施以减小每个环节的误差是提高制图成果点位精度的有效途径。在搜集资料时应该获取和采用现势性好、精度高的地理资料,理想情况下是以实测方式获取测量区域的空间信息;坐标转换时精化重点地区坐标转换模型,选择精度高的公共点位,以提高转换精度;在不满足转绘精度要求的情况下尽量不对定点以外的要素作转绘,以免将误差传递到后续的修编等。此外,应对制图人员实施培进行技术培训和提高制图作业的标准,以减少人为误差。

专题地图地图定位精度评估按照式(7.8)将原图误差、坐标转换误差、高程异常误差、大地高误差和加绘误差等进行综合,计算得到最终的正射影像地图定位精度。

在评估过程中,通常将高程误差和水平定位精度误差分开评估。如果正常高由大地高减去高程异常计算得到,则根据式(7.7)和式(7.8),正常高精度 $m_{H_\text{正}}$ 为

$$m_{H_\text{正}} = \pm\sqrt{m_{H_\text{大}}^2 + m_\xi^2} \tag{7.19}$$

设专题地图地图制图全过程中主要的误差有原图误差 $m_\text{原}$、制图误差 $m_\text{制}$、加绘误差 $m_\text{加}$、坐标转换误差 $m_\text{转}$,则正射影像地图平面定位误差 m 为

$$m = \pm\sqrt{m_\text{原}^2 + m_\text{制}^2 + m_\text{加}^2 + m_\text{转}^2} \tag{7.20}$$

精度评估过程根据制图过程中使用的数据源、制图流程进行分析,确定主要误差源,并计算各类误差源造成的定位误差,再根据误差传播公式评估正射影像地图的精度。

参 考 文 献

[1] 王家耀,孙群,王光霞,等.地图学原理与方法[M].2版.北京:科学出版社,2014.

[2] 华一新,张毅,成毅,等.地理信息系统原理[M].2版.北京:科学出版社,2019.

[3] 吕志平,乔书波.大地测量学基础[M].2版.北京:测绘出版社,2016.

[4] 张祖勋,张剑清.数字摄影测量学[M].2版.武汉:武汉大学出版社,2012.

[5] 张保明,龚志辉,郭海涛.摄影测量学[M].北京:测绘出版社,2008.

[6] 李小文.遥感原理与应用[M].北京:科学出版社,2008.

[7] 张永生,刘军,等.高分辨率遥感卫星应用:成像模型、处理算法及应用技术[M].3版.北京:科学出版社,2020.

[8] 胡如忠,刘雪萍,楚良才,等.国产遥感卫星进展与应用实例[M].北京:电子工业出版社,2015.

[9] 周成虎,裴韬,等.地理信息系统空间分析原理[M].北京:科学出版社,2011.

[10] 郭仁忠.空间分析[M].2版.北京:高等教育出版社,2001.

[11] 郭树桂,刘建忠,田智慧.普通军事地理学[M].北京:解放军出版社,1999.

[12] 钟大伟.空间信息服务模式及技术研究[D].北京:中国科学院遥感应用研究所,2020.

[13] 张过,李扬,祝小勇,等.有理函数模型在光学卫星影像几何纠正中的应用[J].航天返回与遥感.2010,31(4):51-57.

[14] 黄太平,马强,白春平.固定翼无人机航空摄影测量在大面积地形测量中的应用[J].科技展望,2017,27(13):166.

[15] 胡黎霞,王建军.无人机航空摄影测量技术在大比例尺地形图测量中的应用[J].西部资源,2017(3):153-154.

[16] 王瑶.高分辨率卫星遥感影像几何处理模型研究综述[J].测绘工程,2013(23):35-37.